*Glossary of
500 Wine Terms
~Handy Edition for
All Professionals and
Wine Lovers~*

ワイナート専科シリーズ
Winart Subject Series

ワインの用語 500
～すぐに使えるコンパクト解説～

斉藤研一・著
美術出版社

はじめに *Introduction*

本書はワインに関連する重要な専門用語500語をピックアップし、それらをコンパクトに解説したものです。従来からの用語集との大きな違いは、その用語の意味や訳語を示すだけでなく、その技術的、社会的な背景や関連事項に関しても解説を行なっていることです。携帯性に優れたコンパクトサイズですが、集録された用語数や内容からして、最も充実した用語集であると思います。

編集にあたり「栽培」「地理」「醸造」「ワインの分類」「流通」「サービス」「試飲」というように、分野ごとに大きく分けているので、体系的に学習したい方は分野ごとに読み進めていただくことをお勧めします。また、各用語では関連する用語の掲載ページを記載しているので、興味のある事柄やトピックスをたどるという、自由なかたちでの学習も可能になっています。

ワインをより深く知り、愉しもうとすると、どうしても専門用語と格闘しなくてはなりません。いままでは専門用語にぶつかったときに、ちょっと難しいからとそこで諦めてしまっていたのではないでしょうか。あるいは偶然、専門用語の意味や関連がわかったりして、なるほどという愉しさを感じることがあったかもしれません。

本書はそのような滅多に出会えない愉しさを、もっと身近に感じてもらえるようにとの思いでまとめました。日頃から本書を手元に置いていただき、読者のみなさんが本書を通じてワインの悦びや愉しさを感じていただけることを願っています。

斉藤研一

目次

*Glossary of
500 Wine Terms
~Handy Edition for
All Professionals and
Wine Lovers~*

Contents

Part **1** 栽培 …… *Page* 5
Cultivation

Part **2** 地理 …… *Page* 21
Geography

Part **3** 醸造 …… *Page* 37
Vinification

Part **4** ワインの分類 …… *Page* 61
Category of Wine

Part **5** 流通 …… *Page* 79
Circulation

Part **6** サービス …… *Page* 91
Service

Part **7** 試飲 …… *Page* 97
Tasting

知っておきたい豆知識 国際品種で知るワインの世界 …… *Page* 60
Column

索引 …… *Page* 115
Index

本書の見方 Introduction

本書の見方

各国語表記
- 学 学名
- 英 英語
- 仏 フランス語
- 伊 イタリア語
- 独 ドイツ語
- 西 スペイン語
- ポ ポルトガル語

用語

読み方
漢字には読み方をつけています。

完熟 [かんじゅく]

- 英 ripe
- 仏 maturité
- 伊 maturità
- ➡ 未熟>P20

糖度の上昇に加え
した状態。以前は
ていたが、フェノ
糖度の上昇ととも
上、病害の発生な
れていることも重
代表的なものにド

ダンジュ・タルテ

関連用語
関連する用語、参照してほしい用語をピックアップし、ページを記載しているので、ここからたどることができます。

解説
本文中の太字／太字の用語は同義語、類語、関連する用語で、500の用語に準じる大切な、かつ使用頻度の高いものです。巻末インデックスに掲載していますので、記載ページをインデックスからたどれます。

Glossary of 500 Wine Terms
~Handy Edition for All Professionals and Wine Lovers~

Part

1

栽培

Cultivation

パート1 | 栽培

一文字短梢
[いちもんじたんしょう]

➡ 棚仕立て>P15

棚仕立てによる整枝方法のひとつで、結果枝を短く剪定するもの。従来からのX字型整枝に比べて、剪定や誘引が簡易なことから省力化が図れる。また、垣根仕立てへの転換といった大きな投資を行なわなくても、光合成効率がよいので、ある程度の品質向上が図れる。主幹から主枝(**結果母枝**)を左右2本、それぞれ15〜20mを伸ばすのが一文字型。その応用として、それぞれの主枝から2本ずつの腕枝を伸ばすH字型がある。

イプロジオン水和剤
[いぷろじおんすいわざい]

英 iprodione wettable powder
仏 solution d'iprodione
伊 iprodione in polvere bagnabile

➡ ウドン粉病>P8、晩腐病>P8、灰色カビ病>P16、ベト病>P18

野菜や果実の病害を防除する農薬(殺菌剤)のひとつ。代表的な商品名である**ロブラール水和剤**とも呼ばれる。白っぽい水和性粉末。灰色カビ病のほか、白腐病や黒痘病などのカビ菌に由来する病害対策として使われる。一般的に開花期から結果期に使用され、収穫の約60日前までに撒布される。使用にあたっては1000倍程度の希釈液にして撒布される。

ヴァンダンジュ・ヴェール

英 green harvesting
仏 vendange verte
伊 vendemmia verde

➡ 剪定>P14

成熟途上にある果房のいくつかを夏季に間引く作業。**グリーンハーヴェスト**ともいう。栄養を残した果房に集中させることで、品質向上を図る。ヴェレゾンの時期に、先に色づき始めた果房を残し、まだ緑色のものを除去するのが一般的。栽培条件や樹勢、収穫量、生産者の考え方にもよるが、醸造用ブドウとしてある程度の品質を維持するためには、1本の樹あたり10〜15房くらいを成熟させるのが一般的。

ヴィエイユ・ヴィーニュ

英 old vine
仏 vieille vigne
伊 vite vecchia

➡ 樹齢>P13

直接的には古木を指すものの、古木から収穫されたブドウで造られたワインを表わす言葉としても使われる。樹齢30〜40年を超えると、収穫高が自然に減少していくため、生産量を重視する際には植替えを行なう。何年という明確な定義はないものの、植樹から40年や50年を経たものは収穫減によりブドウが高品質化するとともに、その希少性から通常商品より評価が高くなる。なかには100年を超える古木が現在も栽培されているケースもある。

ヴィティス・アムレンシス

学 vitis amurensis
英 amur grape

➡ ヴィティス・ヴィニフェラ>P7

ブドウ属のうち、アジアを原産とする種のひとつ。中国名は山葡萄。和名はチョウセンヤマブドウまたはマンシュウヤマブドウ。朝鮮半島や中国東北部、ロシアなどに自生する。北海道で醸造されているアムレンシス・ワインは、北海道産ヴィティス・アムレンシスといわれてきたものの、近年の研究によりヤマブドウの1系統、もしくはタケシマヤマブドウ(Vitis coignerie var. glabrescens)と考えられている。

ヴィティス・ヴィニフェラ

学 vitis vinifera
英 common grape vine

➡ ヴィティス・リパリア＞P7、ヴィティス・ラブルスカ＞P7、接ぎ木＞P16

ブドウ属のうち、ヨーロッパ・中東系統の種で、おもに醸造用に用いられる。EU加盟国ではワイン原料にはヴィティス・ヴィニフェラのみが許可されており、世界的に見てもほとんどがヴィティス・ヴィニフェラから造られている。果粒は小さいのに対して、果皮が厚く、種子が大きい。糖度、酸度ともに高く、アルカリ性の土地を好む。フィロキセラの耐性がないため、北米系統のブドウに接ぎ木をして栽培されるのが一般的。

ヴィティス・ラブルスカ

学 vitis labrusca
英 fox grape

➡ フォクシー・フレーバー＞P111

ブドウ属のうち、北米系統の種のひとつで、おもに生食用やジュース原料などに使われる。新世界諸国では醸造用に用いられることもあるものの、フォクシー・フレーバーと呼ばれる独特の風味があり、あまり好まれない。日本では**狐臭**（こしゅう）とも呼ばれるが、狐の臭いを連想させるものではなく、ワインに含まれるメチル・アンスラニレートに由来するもの。EU加盟国では、ヴィティス・ラブルスカをはじめとする北米系統のブドウから造ったワインを「ワイン」として販売することを認めていない。

ヴィティス・リパリア

学 vitis riparia
英 riverbank grape

➡ ヴィティス・ヴィニフェラ＞P7、台木＞P15

ブドウ属のうち、北米系統の種のひとつで、おもに台木用として利用されている。ブドウの害虫であるフィロキセラに対して抵抗力があることから、フィロキセラに耐性のないヨーロッパ・中東系統のブドウを接ぎ木する際に使われる。ラテン語で「川の土手（ripa）」を意味するように、湿った土地でもよく育ち、酸性土を好む。樹勢が強く、繁殖が容易。このほか、台木用としては同じく北米系統の**ヴィティス・ルペストリス**や**ヴィティス・ベルランディエリ**がある。

ウイルス

英 virus
仏 virus
伊 virus

➡ ウイルスフリー苗＞P7、クローン＞P11、コーキー・バーク＞P12、ファンリーフ病＞P17、フレック＞P18

細胞をもたないものの、遺伝子をもち、ほかの生物の細胞を利用して増殖できる構造体。生物の最小単位と定義される細胞がないため、非生物に分類されるが、生物的な特徴をもつ（非細胞性生物）。ウイルスによるブドウの病害は、現在20種ほど知られており（**葉巻病**、ファンリーフ、フレック、コーキー・バークなど）、果実の着色不良や糖度低下を引き起こす。感染の予防策としてはウイルスフリー苗木への転換やクローン選抜などが行なわれている。

ウイルスフリー苗

英 seedling free of virus
仏 pieds indemnes de virus
伊 piantine essenti da virus

➡ ウイルス＞P7、台木＞P15、接ぎ木＞P16

ウイルスに感染していない苗木。ウイルスに感染していないことが確認された樹から穂木を採り、健全な台木に接ぎ木をして苗木を得る。近年は茎の先端部（茎頂）を切り取って培養し（**茎頂培養**あるいは**成長点培養**と呼ぶ）、穂木を得るウイルスフリー化も行なわれている。接ぎ木を経路とするウイルス感染は深刻であり、ウイルスフリー苗は駆逐の唯一の対策でもある。

パート1　栽培

ヴェレゾン

英 véraison
仏 véraison
伊 invaiatura

➡ エフォイヤージュ>P8

ブドウの栽培用語のひとつで、夏季にブドウの果粒が色づくこと。それまでかたくて不透明な緑色をしていた果粒が、黒ブドウでは深い紫色になり、白ブドウでは透明感のある黄色になる。ワインの風味に大きな影響を与えるフェノール化合物の成熟にとても重要な時期で、日照量を十分に受けることで深い色合いや風味が生まれる。そのためエフォイヤージュと呼ばれる除葉作業を行ない、風通しをよくするとともに、果房に太陽光を当てるようにする。

ウドン粉病
[うどんこびょう]

英 powdery mildew
仏 oïdium
伊 peronospora

➡ 晩腐病>P8、灰色カビ病>P16、ベト病>P18

植物におけるカビ菌による病害のひとつ。葉や果実が白い粉状胞子に覆われ、光合成の阻害や生育不良を引き起こす。ほとんどの植物に繁殖する可能性がある病害で、生きた植物にしか発生しない。比較的、高温で湿度が低い条件で発生しやすい。ブドウにおいては北米大陸での発生の後、1855年のボルドーをはじめとして、被害がヨーロッパに広まった。予防策として開花時期に硫黄系薬剤（**亜硫酸銅液**）を撒布する。

栄養成長
[えいようせいちょう]

英 vegetative growth
仏 croissance végétative
伊 crescita vegetativa

➡ 生殖成長>P14

自らの樹体を大きくするための成長。葉や茎、枝、根などの栄養器官の成長とは反対に、花や実をつくるのが生殖成長。植物は根から水分や無機物を吸収し、葉で光合成を行なう。種を撒いてからある程度の時期までは、栽培条件が整っていても花を咲かせない。栄養成長がある程度進むと、生殖成長に移行する。ブドウの場合、発芽後は栄養成長が続き、4〜6年で生殖成長が始まる。

エフォイヤージュ

英 leaf removal
仏 effeuillage
伊 sfogliatura

➡ ヴァンダンジュ・ヴェール>P6、ヴェレゾン>P8、青ピーマン>P98

夏季に行なわれる剪定作業のひとつで、余分な葉を間引く作業。除葉とも呼ぶ。果粒が色づくヴェレゾンの時期に行ない、風通しをよくすることでカビによる病気の発生を防ぐとともに、果房に太陽光を当てることでフェノール化合物の成熟を促す。十分なエフォイヤージュを行なわないと、青ピーマンにたとえられる青臭い香りをもつワインになる。1990年代以降のボルドーワインではエフォイヤージュとヴァンダンジュ・ヴェールにより、劇的な品質改善が図られた。

晩腐病
[おそぐされびょう]

学 glomerella cingulata
英 ripe rot
仏 tâche foliaire

➡ ウドン粉病>P8、灰色カビ病>P16、ベト病>P18

植物におけるカビ菌による病害のひとつ。収穫期の果実に淡褐色斑が生じ、やがて腐敗してミイラ化し、干しブドウ状に到る。ほとんどの場合、果実が侵されるが、花房や枝葉に及ぶこともある。風通しが悪く、窒素過多の畑で発生しやすい。湿度の高い日本では頻発し、ブドウの病害では最も被害が大きい。予防策として休眠期にベンレート（ベノミル剤）を撒布すること、排水を改善することがある。

遅摘み
[おそづみ]

英 late harvest
仏 vandanges tardives
伊 raccolta tardiva

➡ 貴腐＞P10、遅摘みワイン＞P66、シュペートレーゼ＞P70

ブドウの成熟を待って糖度を高めるため、意図的に収穫を遅らせること。ドイツのシュペートレーゼやアウスレーゼが有名なほか、フランス・アルザス地方の**ヴァンダンジュ・タルティヴ**などがある。糖度がある程度上がると、ワインは中甘口になる。さらに収穫を遅らせると、貴腐化が起こり、甘口になる。貴腐ワインの場合には遅摘みにはない、ラノリン（羊の脂）にたとえられる**ボトリティス・シネレア菌**による独特の風味が現れる。

垣根仕立て
[かきねじたて]

英 hedgerow training, espalier training
仏 conduite de la vigne en espalier
伊 spalliera

➡ 株仕立て＞P9、棚仕立て＞P15、棒仕立て＞P19

畑に杭を打ち、その間に針金を張って、枝を這わせる整枝方法。主幹から長梢（結果母枝）を水平方向に伸ばし、その先の短梢（結果枝）を垂直方向に伸ばす。醸造用原料の栽培では世界的に広く採用されている。グイヨ方式やコルドン方式が有名。ほかにも**スコット・ヘンリー**方式や**ライル**方式など、栽培条件によりさまざまなものが考案されている。1本の樹に実る果房が少ないため、比較的収量が低く、糖度の高いブドウが収穫でき、樹への負担を減らすこともできる。

過熟
[かじゅく]

英 overmature
仏 surmaturité
伊 surmaturazione

➡ 完熟＞P10、未熟＞P20

生理学的な成熟の頂点（完熟）を過ぎている状態。生産者や目的によって完熟の定義は異なるため、過熟の定義もあいまい。はつらつとした酸味をもったワインを造るためには、適度な有機酸が必要であり、必ずしも糖度が最大となったときが完熟ではない。糖度が上昇し続けていても、有機酸が著しく減ったり、醸造に障害となる物質が生成され始めれば過熟となる。

株仕立て
[かぶじたて]

英 bush training
仏 taille de vigne gobelet en couronne
伊 alberello

➡ 棚仕立て＞P15、棒仕立て＞P19

主幹をコブ状に刈り込み、短梢を不規則に取る整枝方法。**樹冠**が日傘のように広がり、根元に日陰ができるため、日照が強く土壌の乾燥が考えられる土地で採用される。葉が日光を受ける受光率から言えば、さまざまな整枝方法では最低となる。乾燥地では土壌からの水分供給が限られ、短梢の伸長が抑制されるので、地面を覆うほどにはならない。おもにフランス・ブルゴーニュ地方のボージョレ地域や南フランス、スペイン、ポルトガルなどでみられる。

灌漑
[かんがい]

英 irrigation
仏 irrigation
伊 irrigazione

農地に外部から人工的に水を供給すること。ワイン用ブドウの栽培には年間降雨量が500〜900mmが適するといわれている。オーストラリアやチリ、アルゼンチンなど、それより年間降雨量の少ない国や地方では灌漑が認められているが、オーストリアやイタリアの一部を除けば、EUでは禁止されている。ブドウ栽培ではスプリンクラーを用いた散水式ではなく、根元に最低必要量だけを供給する**点滴式（ドリップ式）**が普及している。

パート1　栽培

環境保全型農業
[かんきょうほぜんがたのうぎょう]

英 agriculture of environmental conservation
仏 agriculture durable
伊 agricoltura a conservazione ambientale、agricultura sostenibile

➡ ボルドー液>P19、有機栽培>P20

化学薬剤や化学肥料の使用をできるだけ減らす立場にある農業。有機栽培のように不使用を掲げることはないものの、化学薬剤や化学肥料の使用量を減らし、堆肥などの有機肥料による土づくりを通して、持続的な農業を実践する。**減農薬栽培**や**リュット・レゾネ**、**サステイナブル**とも呼ばれる。有機栽培による硫酸銅の過剰散布などが問題となるなか、環境負荷を低減するには適切に化学薬剤を使用すべきとの考え方から、支持する声もある。

完熟
[かんじゅく]

英 ripe
仏 maturité
伊 maturità

➡ 未熟>P20

糖度の上昇に加えて、果皮や種子に含まれるフェノール化合物が成熟した状態。以前は糖度が十分に上昇した状態が成熟の目安となっていたが、フェノール類が未熟であると青臭い風味になる。また、糖度の上昇とともに有機酸が減少すると、風味のバランスが崩れる上、病害の発生など劣化の恐れも高まるため、適度な有機酸が保たれていることも重要となる。完熟したブドウを使用したワインとして代表的なものにドイツのアウスレーゼ、フランス・アルザス地方の**ヴァンダンジュ・タルティヴ**がある。

貴腐
[きふ]

英 noble rot
仏 pourriture noble
伊 muffa nobile

➡ 灰色カビ病>P16、貴腐ワイン>P67

灰色カビ病の原因菌でもある**ボトリティス・シネレア菌**がある種の白ブドウの果皮に感染し、干しブドウ化して糖度が高くなり、この菌の代謝に伴う独特の芳香を生じる現象。通常、この菌が発生すると、雑菌も発生して腐敗する。セミヨンやリースリングなど一部の白ブドウでは、果皮のクチナラ層のワックスが溶けることで水分が蒸発し、エキスが凝縮される。貴腐化は夜間の湿度が高く、昼間は乾燥するという限定的な気候のもとで成り立っている。

客土
[きゃくど]

英 admixture of soil、soil dressing
仏 fertilisation dans la vigne
伊 mescolanza del terreno

➡ テロワール>P31

他所から土を搬入すること。農業分野では土壌の改善や補填のためにしばしば行なわれる。EU加盟国においては、テロワールがもつ固有の個性を破壊するとして禁止されている。法整備前には銘醸畑でも客土が行なわれた例があった。現在は雨水で流れた土壌を畑の下部から上部へ戻すなどの作業が行なわれる。原産地を異にする土地からの客土をした場合、原産地呼称の認定が受けられなくなる。

キャノピー・マネジメント

英 canopy management

樹の周辺（数10cmの範囲）の気候や環境を人間の手でコントロールし、ブドウの品質を高める栽培技術。葉が茂り、ブドウの実が熟していく過程で、余分な葉を除去して、葉や房の密集状態を改善する。太陽光が実に届き、実の成熟を促すとともに、空気の流れがよくなることで、病気の発生を抑制する。健全でよく熟したブドウが収穫できる上、薬剤散布を低減あるいは不要にできる。**キャノピー（樹冠）**とは枝や葉が茂る部分のこと。

グイヨ

英 guyot
仏 guyot
伊 guyot

➡垣根仕立て＞P9、コルドン＞P13、整枝＞P14

垣根仕立てによる整枝方法のひとつ。収穫後に主幹に最も近い結果枝を残し、**結果母枝**を剪定する。翌期は残した結果枝を水平方向に伸ばし、新たな結果母枝にする。毎年、結果母枝が更新されるのが特徴。主幹から左右に2本の結果母枝を伸ばすのが**ダブル・グイヨ**、片側に1本の母枝のみを伸ばすのが**シングル・グイヨ**。フランスの栽培家グイヨが考案した整枝方法であることから命名された。

クローン

英 clone
仏 clone
伊 clone

➡ウイルスフリー苗＞P7、接ぎ木＞P16

同じ親株から無性生殖によって繁殖された同一遺伝子をもつ個体群。ブドウは突然変異の可能性が高い植物で、受粉を経ての世代間での形質維持は困難である。良質な親株から得た穂木を用いた接ぎ木によれば、親株がもつ形質を維持しながら株を増やすことができる。近年は**茎頂培養（成長点培養）**によるウイルスフリー化も行なわれている。代表的品種はクローン番号が登録されており、その番号で苗木商が販売している。

クローン選抜

英 clonal selection
仏 sélection de clones
伊 selezione clonare

➡マサル・セレクション＞P19

クローンセレクションともいう。特定のブドウの樹から穂木を取り、台木に接いで苗木とする方法。同一品種でも個体によって遺伝子が異なるため、そのなかから優れた形質をもった個体と同じ遺伝子をもった樹（クローンと呼ぶ）を増やすことができる。病害などの影響で全滅する恐れを避けるため、複数のクローンを栽培することが一般的。1920年代からヨーロッパで実施されており、ドイツでは選抜クローンを再度の選抜にかける段階になっている。

系統
[けいとう]

英 genealogy
仏 généalogie
伊 genealogia

➡ヴィティス・アムレンシス＞P6、ヴィティス・ヴィニフェラ＞P7、ヴィティス・ラブルスカ＞P7、ヴィティス・リパリア＞P7

共通の祖先から由来し、ある形質について遺伝子型の等しい個体群。ブドウでは**ヨーロッパ・中東系統**、**北米系統**、**アジア系統**がある。ヨーロッパ・中東系統はヴィティス・ヴィニフェラと呼ばれ、おもに醸造用として栽培される。北米系統はヴィティス・リパリア、ヴィティス・ラブルスカ、**ヴィティス・ベルランディエリ**があり、おもに台木や食用に栽培される。アジア系統のヴィティス・アムレンシスは山ブドウとも呼ばれる。

結果枝
[けっかし]

英 bearing shoot
仏 sarment, rameau
伊 ramo, branca

➡グイヨ＞P11、コルドン＞P13、整枝＞P14、剪定＞P14

花を咲かせて結実する枝を結果枝と呼ぶ。また、結果枝に育つ花芽がある枝を**結果母枝**（母枝）と呼ぶ。果樹の種類や整枝の方法によって、結果枝や結果母枝の関係は異なる。ブドウの場合、結果枝のワキに花芽ができる。冬季に剪定で結果枝を切り落とすと、ワキにできていた花芽が翌期の結果枝となる。コルドン仕立てが水平に結果母枝を伸ばすのに対して、グイヨ仕立ては剪定により結果母枝を毎年更新していく。

パート1　栽培

結実不良
[けつじつふりょう]

英 low fruiting
仏 millerandage
伊 poco frutto, sterilità

➡灰色カビ病＞P16、花ぶるい＞P16、未熟＞P20

開花の後に果実が成熟に到らずに落ちてしまう（落果）、あるいは成熟に到らないままであること。花ぶるい、単為結果（種なし）、種が初期に退化するといった症例も含まれる。開花期および受粉時の低温や降雨、強風などの天候がおもな原因となる。結実不良から果梗が弱り、灰色カビ病が発生することも頻繁にみられる。グルナッシュやメルロ、マルベック、プティ・ヴェルドの品種は結実不良を起こしやすいといわれる。

ゲミシュター・ザッツ

独 gemischter satz
英 field blend
仏 complantation
伊 coltivazione mista

複数品種が植えられている畑（混植）。あるいは複数品種を同時に収穫して醸造すること。また、そのようにして造られたワインを指すこともある。フィロキセラ以前には一般的であったものの、改植時に付加価値の高い品種を植えたり、成熟や収穫を合わせるために区画ごとに品種をまとめたりするようになった。現在でもオーストリアのウィーンやフランスのアルザス地方、アメリカのカリフォルニア州などで残っている。

光合成
[こうごうせい]

英 photosynthesis
仏 photosynthèse
伊 fotosintesi

葉緑体をもつ生物が光エネルギーを化学エネルギーに変換する生化学反応。光エネルギーを利用して、水と二酸化炭素から糖分を合成し、酸素を放出する。光合成の最適温度は25〜28℃で、5℃以下になると行なわれない。30℃以上になると光合成は抑制され、酸味もアルコールも不足したワインになる。日照量の少ない地域では光合成が活発には行なわれず、アルコールの低いワインになるため、補糖が認められている。

交信攪乱剤
[こうしんかくらんざい]

英 mating disruptor
仏 confusion sexuelle
伊 confusione sessuale

害虫が放出する性フェロモンを合成した害虫駆除剤。カプセル状の容器に入った合成ホルモンを畑のブドウ樹、あるいは畑に隣接するほかの樹に固定して使用する。合成ホルモンがある濃度以上で空気中に放出されることで、害虫の雄と雌の交信を攪乱する。これにより交尾率が低下するため、次世代の発生被害を軽減することができる。また、交信攪乱剤の使用により、殺虫剤の使用も抑えることができる。一般的に**セクシャル・コンフュージョン**（性攪乱剤）ともいう。

コーキー・バーク

英 corky bark
仏 maladie de l'écorce liégeuse
伊 suberosi corticale

➡ウイルスフリー苗＞P7、接ぎ木＞P16

植物における**ウイルス病**のひとつ。樹皮の肥厚とコルク化組織の形成、主幹の木質部に小さな穴が開くなどの病徴がある。おもに樹勢の低下を生じ、品種によって収量低下や萌芽遅延などの症状が現れる。また、一部の黒ブドウでは、葉が夏季に紅葉して下方に巻く。病原ウイルスは未知であるものの、接ぎ木で感染するので、ウイルスフリー苗に接ぎ木することが唯一の防除法である。

コルドン

英cordon
仏cordon
伊cordone

○垣根仕立て＞P9、グイヨ＞P11、整枝＞P14

垣根仕立てによる整枝方法のひとつ。主幹から左右に2本の**結果母枝**を伸ばし、その先に数本ずつの結果枝を水平方向に伸ばす。収穫後には結果枝のみを剪定し、結果母枝はそのまま残す。収量がグイヨに比べて3割ほど低いので、樹勢が強い品種に用いられる。樹高の高い樹と低い樹を交互に植え、結果母枝を上下段で這わせることで（**スコット・ヘンリー**方式）、植樹密度を高めて単位面積あたりの収量を上げることもある。

収穫
[しゅうかく]

英harvest
仏vendange
伊vendemmia

○完熟＞P10、選果＞P48

成熟をむかえた農作物を摘みとること。ブドウは秋に成熟するため、収穫は北半球では9月前後、南半球では3月前後。ブドウは傷みが早く、収穫直後にワイン造りが行なわれる。伝統的には人間の手で行なわれるが、近年はトラクター型の収穫機を導入するところもある。収穫人の熟練度も問われるが、手摘みは収穫時に選果できるので、品質を求める際に採用される。一方、機械収穫は多くの収穫人を必要としない上、作業時間が短縮できるなどが特徴で、効率を求める際に採用される。

収量
[しゅうりょう]

英yield
仏rendement
伊rendimento

単位面積あたりのブドウの収穫量。**イールド**ともいう。果汁あるいはワインの出来高は**収率**と呼ぶ。収量を制限することで、濃密で高品質なブドウが収穫できることから、品質の目安に使われる。フランスは果汁の容量（hℓ/ha）、イタリアやアメリカはブドウの重量（t/ha）で表示するのが一般的。目安として1kgのブドウから約0.75ℓのワインが造られる。各国の原産地制度では最大収量を規定し、品質維持を図っている。

樹勢
[じゅせい]

英tree vigour
仏vigueur de la vigne
伊vigore d' albero

樹木の生育状態。枝葉や幹、根の伸長が順調である状態を樹勢が良好であるとする。樹勢に影響を与える因子には、降水量や気温、土壌などの畑に起因する栽培条件に加えて、剪定の強さや果実の数、誘因の方向などの樹に起因するものがある。一般的に樹勢が強すぎるブドウは、樹体に栄養が取られて、果実の品質が低下する傾向がある。樹勢が弱すぎても、葉が少ないため光合成が十分には行なえず品質が低下する。立地や樹の状態にあった栽培が求められる。

樹齢
[じゅれい]

英age of vine
仏âge du vigne
伊èta di vite

○ヴィエイユ・ヴィーニュ＞P6

樹木が植樹されてからの年齢。ブドウは植樹から3〜4年で実をつけ始めるが、収量や品質が不安定なため、グランヴァンなどで品質維持を図る際には10年頃から用いられることもある。フランス・ボルドー地方の格付けシャトーなどでは、樹齢の若いブドウはセカンドワインなど別に仕込んだワインを出荷している。また、収穫高は30〜40年でピークを迎え、その後は収穫高が自然に減少を始めるため、生産量を重視する際には植替えが行なわれる。

パート1 栽培

植樹密度
[しょくじゅみつど]

英 vine density
仏 densité de plantation
伊 densitá della vita

単位面積あたりに植えられたブドウの本数。ブドウの品質を見る目安のひとつとされることが多い。フランス・ボルドー左岸やブルゴーニュ地方では1haあたり1万本の密植が行なわれる。基本的には密植を行なうと、樹同士の競合により収穫量が下がり、品質が向上する。EU加盟国では各国の原産地制度で最低植樹密度を設けたりしている。気候条件のほか、土壌の肥沃度や保水性、樹勢により最適な植樹密度は異なる。

整枝
[せいし]

英 purning
仏 taille
伊 potatura

➡ 垣根仕立て>P9、株仕立て>P9、棚仕立て>P15、棒仕立て>P19

果樹や樹木の無駄な枝を剪定したり、枝を適切な向きに誘引したりして、樹形を整える作業。**仕立て**とも呼ぶ。代表的な整枝方法としては、杭間に張った針金に枝を這わせる垣根仕立て、樹1本に杭1本をあてがう棒仕立て、樹をコブ状に刈り込む株仕立て、背丈ほどの棚に這わせる棚仕立てがある。生産地の栽培条件や目的とする品質などを考慮して、さまざまな整枝方法が採用されている。

生殖成長
[せいしょくせいちょう]

英 reproductive growth
仏 croissance reproductive
伊 crescita riproduttiva

➡ 栄養成長>P8

子孫を残すために種をつくるなどの成長。反対に自らの樹体を大きくするのが栄養成長。樹体がある程度大きくなると、枝の伸長速度が緩やかになり、生殖成長に栄養が向けられる。花芽をつくり、花を咲かせ、結実して種をつくる。また、光合成により得られた糖を果実に蓄える。栄養成長が旺盛すぎると生殖成長が妨げられ、ブドウの品質が低下するため、高密度植樹や剪定作業などが行なわれる。

生物農薬
[せいぶつのうやく]

英 biotec pesticide
仏 biopesticide
伊 biopesticide

➡ 有機栽培>P20

農薬としての目的で利用される生物。昆虫や線虫、菌類などが利用されている。有名なものにアブラムシを捕食するテントウムシを畑に放つといった**天敵農業**がある。効果が安定しにくく、適用作物が限定的であるものの、抵抗性がつく可能性が低い上、環境負荷がかからず、有機栽培と組み合わせることができるなどの利点がある。防除対象は害虫のほか、病害予防や除草に使えるものも見つかっている。広義では生物由来の抗生物質や毒素なども含む。

剪定
[せんてい]

英 purning
仏 taille
伊 potatura

➡ ヴァンダンジュ・ヴェール>P6、キャノピー・マネージメント>P10

樹木の枝や葉を切り揃え、日当たりや風通しをよくする作業。翌期の収穫量や品質の管理を目的に休眠期に行なわれる。翌期の結果枝となるワキ芽を残して、結果枝が切り取られる。また、生育期には栄養を果房に集中させるため、余分な新梢や葉、房を取り除く。春季の除芽（芽欠き）や摘芯（新梢の除去）、夏季の摘房（果房の除去）や除葉など、さまざまな時期にさまざまな目的で行なわれる作業がある。

草生栽培
[そうせいさいばい]

英 cover crop
仏 enherbement
伊 pacciami verdi

➡環境保全型農業＞P10、有機栽培＞P20

牧草や雑草などを生えさせて地表を被覆する栽培方法。土壌浸食の防止や有機物の補給、地温調整など地力を維持するために有効とされる。養分や水分の競合により、ブドウの収量抑制も期待できる。被覆植物の刈り込みの時期や回数を誤ると、必要な水分や養分が失われることもあるので、注意が必要となる。環境負荷を低減きるので、有機栽培や環境保全型栽培に取り込まれることが多い。

台木
[だいぎ]

英 rootstock
仏 porte-greffe
伊 portinnesto

➡ヴィティス・ヴィニフェラ＞P7、ヴィティス・ラブルスカ＞P7、ヴィティス・リパリア＞P7、接ぎ木＞P16、フィロキセラ・ヴァスタトリクス＞P18

接ぎ木をした際の根及び根本の部分。醸造用に使われるヨーロッパ・中東系統のヴィティス・ヴィニフェラはフィロキセラへの耐性がないため、台木には耐性をもつ北米系統が使われる。代表的なものとしてヴィティス・ルペストリス、ヴィティス・リパリア、**ヴィティス・ベルランディエリ**などがある。台木の選択にあたっては、樹勢や収量の促進や抑制を考慮し、栽培地の気候や土壌への適応性があるものが求められる。

棚仕立て
[たなじたて]

英 trellised vine
仏 taille en treille
伊 pergola

➡垣根仕立て＞P9、株仕立て＞P9、棒仕立て＞P19

主幹を人間の背丈ほどまで伸ばし、そこから棚に枝を這わせる整枝方法。日本やスペイン北西部など、降水量が多い土地では病気の発生を防ぎ、雑草の繁茂から樹体を遠ざけるために行なわれる。日照の強すぎるイタリアやポルトガル、エジプトなどでも採用されることがある。樹体を大きくできるため、収量が多い。また、果実が目の高さになることで、きめ細かい手入れが可能になる。生食用に適用されることが多い。

短梢剪定
[たんしょうせんてい]

英 spur pruning
仏 taille courte
伊 potatura corta

➡剪定＞P14、長梢剪定＞P15

枝を短く切り詰める剪定方法。冬季の剪定作業において、基部から芽を2〜3個ほど残して、枝を切り詰める。長梢剪定に比べて、作業が簡単で効率的であるため、熟練者でなくても作業が可能とされる。樹勢が比較的弱い品種で採用される。樹勢が強い樹を短く剪定しすぎると、翌期には枝を伸長させすぎて、花をつけなくなることもある。垣根仕立てや棚仕立てなどで組み合わせて実施される。

長梢剪定
[ちょうしょうせんてい]

英 cane pruning
仏 taille longue
伊 potatura lunga

➡剪定＞P14、短梢剪定＞P15

枝を長く残して切り詰める剪定方法。冬季の剪定作業において、基部から芽を7〜9個ほど残して、枝を切り詰める。短梢剪定に比べて作業が難しいため、熟練者でないと作業が困難といわれる。樹勢が比較的強い品種で採用される。また、基部から芽を4〜6個ほど残す中梢剪定、10個以上残す超長梢剪定などもある。棚仕立ての甲州種では長梢剪定が一般的に行なわれている。

パート1　栽培

接ぎ木
[つぎき]

英 graft
仏 greffe
伊 innesto

➡ヴィティス・ヴィニフェラ＞P7、ヴィティス・ラブルスカ＞P7、ヴィティス・リパリア＞P7、台木＞P15、フィロキセラ・ヴァスタトリクス＞P18

植物の枝や芽を切り取り、同種もしくは近縁の植物に接合して育成する栽培法。根となる部分を台木、果実や花をつける部分を**接ぎ穂**、あるいは**穂木**と呼ぶ。19世紀後半からのフィロキセラによる被害に際して、耐性のないヨーロッパ・中東系統を穂木とし、耐性をもつ北米系統に接ぎ木する栽培が考案された。病害虫の防除に加えて、土壌への適応や樹勢の調整などの目的でも使われる。一方、接ぎ木をしていない自根栽培を**ピエ・ド・フランコ**（pier de franco／自由な足）などと呼ぶ。

灰色カビ病
[はいいろかびびょう]

英 grey mold
仏 pourriture grise
伊 muffa grigia

➡イプロジオン水和剤＞P6、貴腐＞P10

ボトリティス・シネレア菌により引き起こされる病気で、ブドウをはじめとするさまざまな植物で発生する。葉や花、果粒が腐り、灰褐色のカビで覆われる。湿度が高く、やや温暖（20℃以上）な環境で発生しやすい。イプロジオン水和剤である程度の防除ができるが、葉を間引いて風通しをよくするなどの栽培管理が予防では重要。一部の品種では完熟ブドウに付着すると、干しブドウ状態（貴腐）となり、極上の甘口ワインになる。

バクテリア

英 bacteria
仏 bactérie
伊 batterio

➡麹＞P42、乳酸＞P108

真正細菌（いわゆる細菌）のラテン語表記。地球上のあらゆる場所に存在する微生物。大腸菌や黄色ブドウ球菌のように感染症の原因となるものだけでなく、光合成や有機物の分解など重要な役割を担っているものも多い。ワインにおいて有害なものとしては、ピアス病の原因菌やワインを劣化させる**酢酸菌**などが有名。一方、有用なものとしては**乳酸菌**が代表的で、ブドウに由来するリンゴ酸を乳酸に分解して、ワインの風味をまろやかにする。

花ぶるい
[はなぶるい]

英 coulure
仏 coulure
伊 colatura

花の多くが落ち、果房につく果粒が極端に少ない状態。栄養状態や栽培管理による生理障害のひとつ。若木や樹勢の強い樹に起こりやすい。原因は土壌中の窒素過多やホウ素欠乏、天候不良による不受粉、花粉管の未発達、強剪定（枝を長く切り落とす）など、さまざまなものが考えられている。通常、果房あたり100〜150個の小花が咲き、その20〜60％が結実する。

早摘み
[はやづみ]

英 early harvest
仏 vendange précoce
伊 raccolto di primizie

完熟となる前に果実を収穫すること。早摘みのブドウは酸味が豊富で糖度が低いので、爽やかで軽いワインとなる。緑のワインと呼ばれるポルトガルのヴィーニョ・ヴェルデは早摘みによるワインとして有名。温暖な生産地では一部の収穫を早摘みにすることで、不足しがちな酸味を補うこともある。ドイツではフェルユース（verjus）と呼ばれる、未熟なブドウの果汁を調味料として利用してきた。

バラ

英rose
仏rose
伊rosa

➡ウドン粉病>P8、ベト病>P18

蔓性の低木の植物で、バラ属に分類されるもの。ブドウ畑の脇に植えられている景色がよく見られる。バラはウドン粉病やベト病などの病害に侵されやすく、ブドウより先に症状が現れる。畑に植えられているのは、美しさというより、ブドウに病害が発生するのを予見するセンサーのため。発生の初期段階で対処することで、農薬の撒布量を低減できる。自然な栽培を行なっていることの象徴でもある。

ピアス病

英pierce's disease
仏maladie de Pierce
伊malattia di Pierce

➡ヴィティス・ヴィニフェラ>P7

細菌により、ブドウなど多くの植物が枯渇する病害。シャープシューターと呼ばれるヨコバイ科の昆虫が媒介となり、細菌はその唾液に寄生し、昆虫が樹液を吸った傷口から感染する。1892年、アメリカ農務省のピアス博士が発見したことから命名。1990年代後半、カリフォルニア州で深刻なブドウ被害を引き起こした。ヴィティス・ヴィニフェラは抵抗力がなく、現在も根本的な治療法はない。ヨコバイの飛行距離が短いため、生息する水辺の藪を切り払い防除してきた。

ビオディナミ

英bio dynamics
仏biodynami
伊biodinamico

➡有機栽培>P20

天体の運行に基づいた農業暦（太陰暦）に従って農作業を行なう栽培方法。生命エネルギーあるいは**生命力学**と呼ばれることもある。近代技術により開発された化学薬品や化学肥料を使わず、土壌や生物の潜在的な活力を引き出そうという考え方。20世紀初めのオーストリアの哲学者ルドルフ・シュタイナーにより提唱された。独特の調薬や**同毒療法**が非科学的として、その効果を疑問視する声も大きい。

品種

[ひんしゅ]

英variety
仏cépage
伊varietà

➡ヴァラエタルワイン>P63

動植物の分類における階層（属・種・品種）で、固有の特性によりほかと区別される一群。ブドウ属すべてでは1万3000品種以上が分類されており、醸造用に使われるヴィティス・ヴィニフェラ種だけでも5000品種以上といわれている。実際に栽培されているのは1000品種ほど。なかでも人気の高いものはシャルドネやカベルネ・ソーヴィニヨンなど100品種ほどといわれている。

ファンリーフ病

英fanleaf
仏maladie du court-noué
伊arricciamento

➡ウイルス>P7、ウイルスフリー苗>P7

植物における**ウイルス病**のひとつ。ブドウはもとより植物の病害として被害が大きい。感染すると葉が黄変、赤変し、裏側に向かって巻き込むことから命名された。果実の結実不良や成熟不良を生じ、収穫量や糖度が低くなる。コナカイガラムシが媒介となることが知られている。ウイルスの防除として、以前は化学薬品が撒布されていたが、環境負荷が大きいわりに効果が思わしくなかった。近年はウイルスフリー苗木の開発が進められている。

パート1　栽培

フィロキセラ・ヴァスタトリクス

学 phylloxera vastatrix
仏 phylloxéra vastatrix
伊 fillossera / viteus vitifoliae

➡ ヴィティス・ヴィニフェラ＞P7、ヴィティス・ラブルスカ＞P7、ヴィティス・リパリア＞P7、台木＞P15、接ぎ木＞P16

北米大陸東岸を原産とする昆虫で、別名ブドウネアブラムシ。ブドウ樹の根に寄生して、樹液を吸う。ヨーロッパ・中東系統のヴィティス・ヴィニフェラは耐性がないため、寄生されると枯死に到る。ヨーロッパでは1963年に南フランスで発見され、壊滅的な打撃を被った。北米からの輸入苗木に卵が付着したと考えられている。近年はアメリカ・カリフォルニア州でも新種による被害が発生した。対策としては耐性のある北米系統のヴィティス・リパリアなどを台木として使用する。

ブドウ

学 vitis spp.
英 grape
仏 vigne
伊 uva

➡ ヴィティス・ヴィニフェラ＞P7、ヴィティス・リパリア＞P7

蔓性の低木の植物で、ブドウ属に分類されるもの。学名はVitis spp.となる（spp.は種の複数形）。原産地は中央アジアやヨーロッパ、北米など。世界で収穫される果物のなかで最も生産量が多く（年間約6000万t）、その80％は醸造用として利用され、残りは生食用や干果用である。日本では80％が生食用。醸造用はヨーロッパ・中東系統のヴィティス・ヴィニフェラ、生食・干果用は北米系統のものが使われる。

フレック

英 fleck
仏 fleck
伊 fleck

➡ ウイルス＞P7

植物における**ウイルス病**のひとつ。ブドウフレックウイルス（GFkV）に感染して起きる。果実の着色不良を生じ、糖度が上がらなくなる。日本では1955年頃に発見され、1960〜1970年代に甲州種における味無果病として大きな問題となった。リーフロール・ウイルスとの重複感染で糖度減少が著しい。ウイルスフリー苗木の植樹による防除が必要となる。

フロレゾン

英 bloom / blossom
仏 floraison
伊 fioritura / sboccio

➡ 花ぶるい＞P16

フランス語で開花のこと。晩春（日本では5月下旬）に見られる生育段階。たくさんに分岐した果梗の先端に薄い白緑色の小花が咲く。通常、果房あたり100〜150個の小花が咲き、その20〜60％が結実する。この時期に天候が悪化すると受粉ができなくなり、結実しない。また、栄養状態や栽培管理が十分でないと花ぶるいと呼ばれる生理障害を起こし、果房につく果粒が極端に少ない状態になることもある。

ベト病

英 downy mildew
仏 mildiou
伊 plasmopara viticola

➡ ボルドー液＞P19

糸状菌の一種により引き起こされ、べとっとした状態になることから命名。1978年にヨーロッパで確認された。湿度の高い条件下で発生しやすく、ブドウや野菜で大きな被害をもたらす。葉などに褐色の斑点が生じ、裏面に羽毛状の白いカビが発生する。植物の種類により原因菌が異なり、発生状況も異なるが、落花や落葉、落果を伴う。防除にはボルドー液や有機硫黄剤などの殺菌剤の撒布が有効。水はけ、通風や採光をよくするのも重要である。

ベンレート

英 benlate
仏 bénomyl
伊 benomil

➡ ウドン粉病＞P8、晩腐病＞P8、灰色カビ病＞P16、ベト病＞P18

野菜や果実の病害を防除する農薬（殺菌剤）のひとつ。ウドン粉病のほか、晩腐病や黒痘病などのカビ菌に由来する病害対策として使われる。有効成分ペノミルが葉のなかに浸透して、病原菌が植物に侵入するのを防ぎ、すでに侵入した病原菌も退治する。予防と治療のふたつの効果がある。使用にあたっては500〜1000倍程度の希釈液にして撒布する。

棒仕立て
[ぼうじたて]

英 moselle
仏 culture en foule
伊 doppio capovolte

➡ 垣根仕立て＞P9、株仕立て＞P9、棚仕立て＞P15

1本の樹体に1本の杭をあてがい、左右から2本の長梢（結果枝）を主幹に添えた杭を中心にハート型に縛りつける整枝方法。樹高は2mほどで、結果枝を数段ごとに何本か伸ばすこともある。ドイツのモーゼル地方やフランスのローヌ河流域地方などの急傾斜地で採用されている。垣根仕立てでは作業が困難な急傾斜地でも、作業者が畑を上下左右に移動できるのが特徴。

ボルドー液

英 bordeaux spray
仏 bouilliie bordelaise
伊 poltiglia bordolese

➡ ベト病＞P18、ベンレート＞P19

殺菌剤として使われる農薬のひとつ。有効成分は塩基性硫酸銅カルシウムで、硫酸銅と生石灰より調整される。ベト病などの対策で使用する。1885年にボルドー大学教授ピエール・ミラルデにより開発され、日本でも1897年頃から使用されている。植物の病気に対する抵抗性を強める働きがあることが発見され、近年に再評価された。使用しても有機栽培の認証を受けられる数少ない農薬でもあるが、過剰撒布による土壌や地下水の銅汚染も心配されている。

マサル・セレクション

英 mass selection
仏 sélection massale
伊 selezione massale

➡ クローン選抜＞P11、接ぎ木＞P16

マス選抜、集団選抜ともいう。畑に植えられているブドウの樹のうち、品質や収量などの基準に見合ったグループを選び、それらから**穂木**を取って台木に接いで苗木とする方法。単一の樹からの穂木だけを増やしたクローン選抜が同一の遺伝子をもつのに対して、マサル・セレクションではいくつかの遺伝子が存在するため、病害などの影響で全滅する恐れを避けることができる上、ワインに複雑な風味がもたらされるといわれる。

マルコット

仏 marcottage

蔓性植物における無性生殖による繁殖方法のひとつ。伸ばした枝を土中に埋め、枝が根づいた後（ブドウの場合は約3年）、元の樹から枝を切り離す。現在、一般的な接ぎ木による繁殖方法が普及する前に用いられていた。シャンパーニュのボランジェ社の旗艦銘柄、ヴィエイユ・ヴィーニュ・フランセーズに使用されるブドウは、フィロキセラ被害に遭わなかった樹をマルコットで現在まで維持したもの。鉢植えで販売される房付きブドウもマルコットを応用したもの。

パート1 | 栽培

未熟
[みじゅく]

英 unripe
仏 immaturité
伊 immaturo

➡ 完熟>P10、エルバセ>P100

果実に含まれる総有機酸量が高いのに対して、糖類の蓄積が不十分な状態。あるいはフェノール化合物の成熟が足らず、青臭い風味がある状態。補糖によりアルコール度数はある程度補うことができる。以前、ボルドーなどでは、若いワインは青臭い。熟成させてから飲むものと誤解された。近年はブドウの成熟の指標として、総酸や糖類だけでなく、風味(フェノール化合物)を加える生産者が増えており、種子が緑色から茶色に変色するのを目安とすることがある。

夜間収穫
[やかんしゅうかく]

英 night picking
仏 vendange a la nuit
伊 raccolta notturna

1日のうちで最も気温の低い夜間に収穫を行なうこと。温度が低いと搬送中にブドウが傷みにくいのが特徴。果皮が破れて果汁が染み出している場合でも、酸化や腐敗が起こりにくくなる。また、仕込み時の果実の温度が高いと、果皮からの苦み成分が抽出される上、発酵が速く進むため繊細なアロマが失われやすいことから、その対策としても有効である。新興国や地中海地方などの温暖な産地で多く実施されている。

有機栽培
[ゆうきさいばい]

英 organic viticulture
仏 viticulture biologique
伊 coltura organica

➡ 生物農薬>P14

化学的に合成された農薬や肥料などを使用しない栽培。合成農薬には除草剤、殺虫剤、抗菌剤などがある。認証を受ける際には、認証機構により若干の違いがあるものの、2年間以上にわたり堆肥による土づくりを行なうことなどが求められる。輪作や緑肥、堆肥、微生物疾病制御などの手法を用い、病害を予防しながら生産効率を維持する。実際には有機肥料を使用するだけ、あるいは合成農薬を使っていないだけの「有機栽培」も多くみられる。

レインカット

英 raincut
仏 raincut

➡ 排水設備>P33

ブドウ樹あるいは地面をビニール被膜で覆うことで、降雨の影響を低減させる技術。ヨーロッパの原産地制度では、テロワールを損なうとの考えから禁止されているものの、日本をはじめとする年間降雨量の多い新興国で導入されている。ブドウ樹や土壌を適度な乾燥状態に保つことができるので、果汁糖度を高めることが期待されるほか、降雨後に果粒が吸い上げた水分で割れる(裂果)のを防ぐ、病害の発生も抑えることができる。

地理

Geography

アルバリサ

西 albariza
▶ 産膜酵母>P44、シェリー>P69、マンサニーリャ>P76

スペイン・イベリア半島最南端のカディス県にある石灰分を多く含有する土壌で、秀逸なシェリーを産出するとして知られる。多孔質の土壌は秋から春にかけての雨季に水分を蓄え、乾季はブドウに水分を供給する。沿岸部は大西洋から吹く低温多湿の風により、夏の暑さが緩和されるため内陸部に比べて高品質となる。沿岸部にあるアルバリサ土壌のサン・ルーカル・デ・バラメーダ産はマンサニーリャという独自名称を掲げることができる。

アルプス山脈

英 Alps
仏 Alpes
伊 Alpi
▶ マッシフ・サントラル>P34

ヨーロッパ中央部を東西に横切る山脈で、東端のオーストリアから西端のフランスまで全長1200kmに及ぶ（最高峰モンブランは標高4811m）。ヨーロッパプレートとアフリカプレートの衝突により、中生代の終わりから新生代の初め頃に隆起した褶曲山脈。同じ頃にパリ盆地やアキテーヌ盆地も隆起を始めた。白亜紀に堆積した地層が盛り上がってできたため、フランス国土の55％は石灰岩で形成。フランス・サヴォワ地方やイタリアのトレンティーノ・アルト・アディジェ州など周辺地域では、冷涼気候により白ワインがおもに造られる。

ヴォージュ山脈

仏 Vosges

フランス北東部にある山脈（最高峰グラン・バロンは標高1424m）。ジュラ紀から火山活動で隆起を始め、その東側にライン地溝帯（ライン盆地）を形成。三畳紀の砂岩のほか、花崗岩や変成岩などさまざまなもので形成される。その東側にあるライン盆地では偏西風が遮られるため、高緯度帯にありながらも温暖で乾いた気候となり、ブドウ栽培に適する条件がもたらされた。年間降水量は稜線部で2300mmに達するのに対して、盆地では600mmしかない。アルザスの守り神ともいえる存在。

右岸・左岸
［うがん・さがん］

英 right bank / left bank
仏 rive droite / rive gauche
伊 riva destra / riva sinistra

河川の流れる方向（下流）を向いて右手を右岸、左手を左岸と呼ぶ。河川の流れる方向により東西南北は変わる。フランス・ボルドー地方で頻繁に使われ、左岸地区はジロンド河およびガロンヌ河に対してで、メドック地区とグラーヴ地区、ソーテルヌ地区を指す。右岸地区はジロンド河およびドルドーニュ河に対してで、サンテミリオン地区やポムロール地区を指す。

黄土
［おうど］

英 loess
仏 loess
伊 ocra

砂塵が風に運ばれて堆積したものといわれる。シルト（粒径0.004～0.06mm）で構成されており、組成により淡黄色や灰黄色、茶褐色になる。粒径の大きい土壌を黄砂と呼ぶこともある。北西ヨーロッパや中国、北米大陸に分布する。各種のミネラルに富み、保水性に優れる。ドイツのワイン産地ではよく見られる土壌で、「緩んだ」という意味からレス（löss）と呼ばれる。なめらかで優雅、まろやかな酸味をもつワインを造るといわれる。

海岸山脈
[かいがんさんみゃく]

英coastal range
仏côteaux maritimes

北米大陸の太平洋岸を南北に連なる山脈。太平洋からの冷たく湿った空気を遮るため、山脈東側の内陸部は乾燥した気候となる。アメリカ・カリフォルニア州ではブドウをはじめとする果樹作物の大部分が、内陸のセントラル・ヴァレー地方で栽培されている。1970年代のナパ・ヴァレーを皮切りに、近年は品質向上を図るため、沿岸地方の冷涼な産地の開発が進んでいる。冷涼な沿岸地方では従来は難しいとされたピノ・ノワールなどの冷涼地を好む品種が成功している。

海洋性気候
[かいようせいきこう]

英marine climate
仏climat océanique
伊clima marittimo

➡高山性気候＞P26、大陸性気候＞P29、地中海性気候＞P30

海洋の影響を強く受ける気候。夏季はおだやかで比較的涼しく、冬季も海流や偏西風の影響で、緯度のわりに寒くならない。昼夜で風の流れが入れ換わる陸海風が吹くことから、昼夜の気温の較差（昼夜較差）も小さい。湿度は高く、雲量、雨量が多くなる。代表的産地としてはフランスのボルドー地方やロワール河流域下流、オーストラリア南東部、ニュージーランドなどが挙げられる。

海流
[かいりゅう]

英current, stream
仏courant marin
伊corrente oceanica, corrente marina

地球をめぐる巨大な海水の流れ。沿岸地域の気候に大きな影響を与える。低緯度から高緯度に向けて流れる海流を**暖流**、高緯度から低緯度に向けて流れる海流を**寒流**と呼ぶ。暖流沿岸は温暖で湿潤な気候になる。西ヨーロッパは北大西洋海流の影響を受けるため、高緯度にありながら銘醸地となった。一方、アメリカ西海岸はカリフォルニア海流の影響を受けるため、沿岸地域では緯度に比べて冷涼な気候となる。

河岸丘陵
[かがんきゅうりょう]

英riverside hill
仏coteau près de la rivière

河川がそばを流れる丘陵。河川に面する斜面は川面の輻射（ふくしゃ）で周辺より暖かく、夜間には河川の放射熱により冷え込みすぎないため、高緯度帯では栽培をする上で有利に働く。昔からドイツでは、銘醸地は河岸にあると言い伝えられてきた。なかでも二大銘醸地と讃えられるラインガウ地方やモーゼル地方は、河川の流れる方向が東西となるため、斜面は南向きとなり、他産地よりも日照条件がよいとされる。

花崗岩
[かこうがん]

英granite
仏granite
伊granito

マグマが冷えて固まった火成岩のひとつで、御影石とも呼ばれる。火成岩のうちでも地中深くで、ゆっくりと固まった**深成岩**に分類され、石英含有量が66％以上の酸性岩であるもの。花崗岩は緻密でかたいため、急峻な山脈などの起伏に富んだ地形を形成する。フランスのボージョレ山脈やヴォージュ山脈が有名。また、風化すると粗い砂となる。ボージョレではアリーナと呼ばれる花崗岩の風化砂質土が秀逸なワインを産出することで知られる。

パート2　地理

火山岩
[かざんがん]

英 lava, volcanic rock
仏 roche volcanique
伊 roccia vulcanica

マグマが冷えて固まった火成岩のひとつで、急激に冷えて固まったもの。多くは火山から噴出されてできるため**噴出岩**とも呼ばれる。塩基性岩（石英含有量45～52%）の玄武岩、中性岩の安山岩（同52～66%）、酸性岩（同66%以上）の流紋岩などがある。火山岩を基盤とする地域はそのかたさから、傾斜が強く起伏に富む地形を形成。表土が薄く土地は痩せており、アメリカ・カリフォルニア州、ナパ・ヴァレーのヒルサイドにみられるように、ブドウの収量を抑制する。

火山砕屑物
[かざんさいせつぶつ]

英 pyroclastic material
仏 matériel volcanique
伊 materia eruttiva

➡凝灰岩＞P25

火山の爆発的噴火によって飛び散った破片状の堆積物。マグマが地下から上昇する際に減圧して、含まれていた水などが発泡したため多孔質となる。大きさや構造により軽石や火山灰などさまざまなものに分類される。また、火山砕屑物が固まってできた岩石を**火砕岩**という。火砕岩はマグマに由来するため火成岩に含めるときもあれば、降り積もってできるため堆積岩に含めることもある。

火成岩
[かせいがん]

英 igneous rock
仏 roche magmatique
伊 roccia ignea, roccia eruttiva

➡花崗石＞P23、堆積岩＞P28、変成岩＞P34

マグマが冷えて固まった岩石。地中深くでゆっくりと固まった**深成岩**、地表に噴出されて急激に固まった火山岩に分類される。火成岩はかたいため、火成岩が基盤となる地域は傾斜が強く起伏に富む地形を形成する。フランス・ブルゴーニュ地方のボージョレ山脈やアルザス地方のヴォージュ山脈などが有名。

カダストロ

葡 cadastre

ポルトガルにおけるブドウ畑の格付け制度。酒精強化ワインのポルトのブドウ畑はすべてがワイン生産者管理委員会（Casa do Douro）によって格付けされている。地域と結びついた気候条件や土壌、品種、栽培条件をさらに12項目（標高、生産性、土壌、立地、樹の仕立て方、品種、畑の傾斜角度、畑の向きと日照量、植樹密度、頁岩の含有率、樹齢、防風性）に分類し、その持ち点の合計でA～Fの6段階に区分する。

岩石
[がんせき]

英 rock
仏 roche
伊 roccia

➡火成岩＞P24、堆積岩＞P28、変成岩＞P34

地殻やマントルといった地球の固体部分を構成するおもなもの。岩石には①マグマが冷えて固まった火成岩、②堆積物が固まった堆積岩、③岩石が熱や圧力などにより、構成や構造が変化した変成岩がある。鉱物が結晶構造をもつのに対して、岩石は鉱物や岩石の破片、ガラス（結晶でないもの）、化石、生物由来の有機物などの混合物である。

気候
[きこう]

英 climate
仏 climat
伊 clima

➡ クリマ＞P26、テロワール＞P31、ミクロクリマ＞P34

1年間を通してとらえたある地方の天気の状態。天気、気温、降水量、風などの気象現象の傾向を示す。テロワールを構成する重要な要素のひとつ。植生や生物活動に大きな影響を与える。ドイツの気候学者ウラジミール・ペーター・ケッペンは植生分布に注目して、1923年に気候区分を発表。それによると、ブドウ栽培には地中海性気候や西岸海洋性気候などが好適とされる。

凝灰岩
[ぎょうかいがん]

英 tuff
仏 tuf
伊 tufo

火砕岩のひとつ。火山から噴出された火山灰が地上や水中に堆積してできた岩石。比較的軽くてやわらかく、風化されやすいので、細かい細工には向かないものの、建材として利用される。日本では大谷石が有名。

キンメリッジアン

英 kinmmeridgian
仏 kimméridgien

➡ ジュラ紀＞P28、石灰岩＞P28

地質年代でジュラ紀後期の約1億5550万年前〜1億5200万年前にあたるもの。もともとはイギリス西岸のキンメリッジから命名されたものだが、フランス・ブルゴーニュ地方のシャブリ地区をはじめとして、ロワール河流域のサントル・ニヴェルネ地区、シャンパーニュ地方のオーブ地区に広がる。秀逸なシャブリはキンメリッジアンの泥灰岩土壌で産出される。パリ盆地の縁に広がるチトニアン（旧名ポートランディアン）からはプティ・シャブリが産出される。

クール・クライメイト・パラドクス

英 cool climate paradox
仏 paradoxe climatique
伊 paradosso di clima fresca

➡ 樹上時間＞P27

冷涼産地で造られたワインの方が温暖産地のものよりも風味が濃いという現象。冷涼産地は有機酸が保持されながら、糖度の蓄積がゆっくりと進むため収穫が遅くなる。一方、温暖産地は有機酸の減少が著しい上、糖度の蓄積が早く進むため収穫も早い。ところが、ブドウの風味に大きな影響を与える**フェノール化合物**の成熟は、気温差にあまり影響を受けることなく、ゆっくりと進むため、収穫日における成熟は**ハンギングタイム**が長い寒冷地の方が進む。

グラン・クリュ

仏 grand cru

一般的に特級と訳される。特級を設けている生産地でも、さまざまな事情により階層構造や認定制度が異なる。フランス・ブルゴーニュ地方では原産地制度が定める階層構造の最上位にあたり、33件が認定されている。ボルドー地方では原産地制度とは別の仕組みで、ワイナリーに対して認定が行なわれている。メドック地区61軒、ソーテルヌ地区26軒、グラーヴ地区15軒、サンテミリオン地区61軒が認定されている。

クリマ

仏 climat
伊 clima

➡ テロワール>P31、リュー・ディ>P35

原義は「気候」。そこから転じて、ある個性をもった気候が支配する地域を指す。その気候の個性によりワインに固有の風味が生まれることから、気候が支配する地域がひとつの**原産地**として区切られる。登記上の地名であるリュー・ディが単独でクリマになる場合もあれば、複数でひとつのクリマを構成する場合もある。フランス・ブルゴーニュ地方において前者の代表はロマネ・コンティ、後者の代表は2区画からなるラ・ターシュや7区画からなるシャブリ特級がある。

ケスタ

英 cuesta
仏 côte
伊 cuesta

傾斜した地層の浸食により形成された波状の地形。スペイン語で斜面が語源。硬軟の地層が交互に重なり、やわらかい地層が大きく浸食を受けたためできた。かたい地層は緩斜面となって地表に現れ、やわらかい地層は急崖となる。フランス・パリ盆地を囲むように波状の丘陵が広がり、シャンパーニュ地方はその東部にあたる。西向きの緩斜面では小麦栽培や牧畜が、東向きの急崖ではブドウ栽培が行なわれている。

高山性気候
[こうざんせいきこう]

英 alpine climate
仏 climat alpin
伊 clima alpino

➡ 海洋性気候>P23、大陸性気候>P29、地中海性気候>P30、昼夜較差>P30

おおむね標高2000m以上の地域に分布する気候。標高が100m上がるごとに気温は0.6℃下がるため、同緯度の近隣地域より気温が低くなる。年間を通しての気温差、昼夜較差が大きい。とくに冬季の冷え込みは厳しく、降雪量が多くなるため、冬季湿潤、夏季乾燥という傾向になる地域もある。代表的産地としてはフランスのジュラ・サヴォワ地方などが挙げられる。

洪積土
[こうせきど]

英 diluvium
仏 diluvium
伊 diluvio

➡ 砂利小丘>P27、ジロンド河>P28、沖積土>P30

氷河期に広域を覆った氷河によってもたらされた堆積物。その後の隆起により形成された台地を覆って、中部ヨーロッパでは広く分布している。かつてノアの大洪水の堆積物と誤解されて命名された。基本的に排水性が高いため、水田には不向きであるものの、畑作のほか、果樹作物や茶の栽培に向いている。フランス・ボルドー地方のグラーヴ地区やメドック地区の**砂利質土壌**は、ギュンツ氷河期にもたらされたといわれている。

砕屑物
[さいせつぶつ]

英 clastics
仏 roche clastique
伊 clastici、sedimento

➡ 砂利>P27、粘土>P32

砂礫ともいう。砕屑物は岩石が風化などの自然作用で壊れてできた破片や粒子。粒径により礫(2mm以上)、砂(1/16mm以上)、シルト(1/256mm以上)、粘土(1/256mm未満)に分類される。礫層や砂層は排水性が高いのに対して、シルト層や粘土層は排水性が低い。フランス・ボルドー地方のメドック地区でも砂礫比率の高い上流域では、乾燥を好むカベルネ・ソーヴィニヨンが多く栽培され、粘土比率の高い下流域では、ある程度の水分供給が必要なメルロが多く栽培される傾向がある。

栽培条件
[さいばいじょうけん]

英 cultivation condition
仏 condition de culture de la vigne
伊 coltivazione condizione

ある植物が生育できる環境を表わした数値。ブドウでは①**年間平均気温**が10〜20℃（ワイン用ブドウは10〜16℃が最適）、②生育期間の日照が1300〜1500時間、③年間降雨量が500〜900mmなどが挙げられている。ただし、銘醸地とされる地域の気象条件から導いた目安なので、この範囲内でないと必ずしも銘酒が造られないわけではない。また、気象変動により、数値も置き換えられることもある。

砂利
[じゃり]

英 gravel
仏 gravier
伊 ghiaia

➡ 砂屑物＞P26

小石や砂などが混ざったもの。砂利そのものは**透水性**（排水性）が高く、乾いた土地になりやすいものの、その下層に粘土層などの不透水層があると、地下水を蓄えた帯水層をつくる。フランス・ボルドー地方のメドック地区では標高が低いため、地下水との距離を少しでも遠くしようと砂利小丘にブドウ畑を設けている。また、同地方のサンテミリオン地区の一部にも砂利質土壌があり、カベルネ・フランを多く栽培している生産者もいる。

砂利小丘
[じゃりしょうきゅう]

英 small gravel hill
仏 croupe de graves
伊 piccola collina di ghiaia

フランス・ボルドー地方のメドック地区では、秀逸なワインは「ジロンド河を見下ろす斜面」から生まれるといわれてきた。ジロンド河沿岸は川面の輻射（ふくしゃ）があるため暖まりやすく、内陸部で心配される霜害も起きにくい。また、降雨量は年間900mmとブドウ栽培には高めであるため、排水性の高い砂利質土壌も望ましい。一帯は標高そのものが低く、地表から地下水までが近くなるため、小さな丘であっても地下水の影響を受けにくくなる。

褶曲
[しゅうきょく]

英 fold, folding
仏 croupe de graves, pli
伊 corrugamento, piega

➡ アルプス山脈＞P22、断層＞P29、隆起＞P35

地層の側方から大きな力が加わり、地層が波打ったように曲がりくねる現象。波打った地層のふくらんだ部分を**背斜**、へこんだ部分を**向斜**と呼ぶ。また、背斜部分が浸食されて形成された谷を背斜谷、向斜部分が浸食されて形成された谷を向斜谷と呼ぶ。フランス・ブルゴーニュ地方のコート・ドール地区はやや西向きに傾き、背斜谷を形成する。東向き斜面が反り返るようになるため、朝早くから太陽光を浴びて暖められ、午後もその暖かさが持続して、ブドウの生育を促す。

樹上時間
[じゅじょうじかん]

英 hanging time
仏 temps de suspension
伊 tempo della sospension

➡ クール・クラメイト・パラドクス＞P25

ブドウをはじめとする果樹作物が樹上で実っている時間。**ハンギングタイム**ともいう。作物の風味は**フェノール化合物**の成熟に影響を受けるため、実っている時間が長いものは風味が豊かになる。ただし、収穫を遅らせると病虫害や鳥獣害の危険が高まる。冷涼産地ではブドウに含まれる有機酸が保持され、病虫害などとなることから有利になる。近年は温暖産地でもブドウ畑の標高を上げて気温を下げる、海流の影響を受けて冷涼な沿岸部にブドウ畑を設けるなどの試みが行なわれている。

ジュラ紀

英jurassic
仏jurassique
伊giurassico

➡キンメリッジアン>P25、白亜紀>P33

地層のなかから発見される生物化石の様相から定めた地質年代で、約2億8万年前〜1億4550万年前にあたるもの。三畳紀、ジュラ紀、白亜紀で構成する中生代の真ん中の時代。温暖で湿潤な気候に恵まれ、恐竜に代表されるように動物や植物が大型化していった。フランス、スイス、ドイツの国境にあたる**ジュラ山脈**でその地層が露出していることから命名された。フランス・ブルゴーニュ地方の秀逸なワインはジュラ紀の石灰岩が基盤にあるためといわれる。

ジロンド河

仏Gironde

➡砂利小丘>P27

フランス南西部を流れる河川（全長65km）で、大西洋へと注いでいる。ボルドー市付近で**ガロンヌ河**（同550km）と**ドルドーニュ河**（同500km）が合流したもの。左岸のメドック地区はボルドーで最も重要な産地で、ジロンドを望む砂利小丘に銘醸畑が形成されている。メドック地区やグラーヴ地区の河岸段丘はガロンヌ河によって形成されたもので、その砂礫層は氷河期にガロンヌ河が運んだ堆積物。水はけのよい砂利質土壌はカベルネ・ソーヴィニヨンの栽培適地となっている。

生育期間
[せいいくきかん]

英vegetative period
仏cycle végétatif de la vigne
伊periodo vegetativo

植物が生長して葉や茎、根を伸長する期間。ブドウの場合、北半球では4月1日〜10月31日、南半球では10月1日〜4月30日とされる。春の**発芽**（デブルーマン／débourrement）から始まり、**展葉**（フイエゾン／feuillaison）、**開花**（フロレゾン／floraison）、**結実**（ヌエゾン／nouaison）、**着色**（ヴェレゾン／véraison）、**成熟**（マチュリテ／maturité）を経て、晩秋の**落葉**（デフォリアション／défoliation）に到る。冬季は気候条件が厳しいため、代謝を最低限に抑えて休眠期に入る。

石灰岩
[せっかいがん]

英limestone
仏calcaire
伊calcare

➡キンメリッジアン>P25、ジュラ紀>P28、泥灰土>P31、白亜紀>P33、バジョシアン>P33、バトニアン>P33

炭酸カルシウムを主成分とする堆積岩。有孔虫やサンゴ、貝類などの生物遺骸が堆積してできた。古生代から中生代にかけて大量に生成され、フランス・シャンパーニュ地方では白亜紀後期の石灰岩層が300mの厚さにもなる。比較的やわらかく加工しやすいため、石材として頻繁に利用されてきた。多孔質で保温性が高く、適度な保水性をもつため、シャンパーニュ地方やブルゴーニュ地方のような冷涼地では最も重要な地質とされる。

堆積岩
[たいせきがん]

英sedimentary rocks
仏roche sédimentaire
伊rocce sedimentarie

➡火成岩>P24、岩石>P24

岩石が風化や浸食されてできた礫、砂、泥、火山灰や生物遺骸などが堆積して物理的、化学的な力が加わって固まった岩石。かつては火成岩に対して、**水成岩**と呼ばれたが、海底や湖底ばかりでなく地表にも堆積することから、今は堆積岩と呼ばれる。粘土などの泥が固まった泥岩、火山灰が固まった凝灰岩、貝類などの生物化石が固まった石灰岩などさまざまなものがある。

大陸性気候
[たいりくせいきこう]

英 continental climate
仏 climat continental
伊 clima continentale

➡ 海洋性気候＞P23、高山性気候＞P26、地中海性気候＞P30

海洋から離れた大陸内部にみられる気候。気温を緩和する海や湖などの影響が弱いため、年間の気温差、昼夜較差が大きい。また、年間を通して降雨量が少ない。フェーン現象を受ける地域では、高緯度にあっても夏季の昼間における最高気温はとても高くなる。代表的産地としてはフランスのブルゴーニュやアルザス地方、ドイツ、スペイン内陸部、オーストリア、アメリカのワシントン州などが挙げられる。

多孔質
[たこうしつ]

英 porous medium
仏 matériel poreux
伊 mezzo poroso

➡ 地質＞P29、テロワール＞P31、土壌＞P31

多数の小さな気孔（空気の入った空洞）をもつ構造。石灰岩は多孔質の岩石として知られ、フランスのブルゴーニュやシャンパーニュ地方、スペインのシェリーの産地における石灰質土壌は特別な存在となっている。冬季に降った雨水は石灰岩の多孔質にある程度まで蓄えられ、それ以上は下層に排出される。乾いた夏季には蓄えた水分をブドウに供給することで、乾燥により生育が妨げられるのを防ぐ。また、養分が少ないため、ブドウが繁茂しすぎるのを抑制する効果もある。

断層
[だんそう]

英 fault
仏 faille
伊 faglia

➡ 褶曲＞P27、隆起＞P35

地層もしくは岩盤に力が加わって割れ、割れた面に沿ってずれて動いたもの。プレートの移動やマグマの移動などのさまざまな要因により、圧縮や引張、ずれ（せん断）などの力が働き、断層ができる。フランスなどの西ヨーロッパはヨーロッパプレートとアフリカプレートの衝突によって隆起した。ブルゴーニュ地方を代表とするフランス東部は、造山活動が活発で数多くの断層が生じたため、わずかな距離でも地質に違いがあり、「あぜ道で（ワインの）味が変わる」と言い伝えられてきた。

団粒構造
[だんりゅうこうぞう]

英 crumb structure
仏 structure des agrégats
伊 struttura aggregate

➡ 土壌＞P31

土粒がいくつか集まって一団を形成し、その一団が多数集まって土壌を構成している状態。土壌がやわらかく、通気性および排水性がよいのが特徴。また、有用微生物も多く繁殖するため、植物の生育に適している。ブドウの根は地中深くまで伸びるが、栄養分を吸収する毛細根は地表から5〜10cmの辺りで生える。その辺りを団粒構造にすると、毛細根が発育しやすくなり、ブドウの生育によい影響を与える。

地質
[ちしつ]

英 geology
仏 géologie
伊 geologia

➡ 土壌＞P31

大地の性質や種類、状態を表わす言葉。地面より下にある岩石や地層からなり、生物活動の影響を受けている土壌は含まない。テロワールの重要な一要素である。フランス・ボルドー地方のなかでも、ガロンヌ河流域は砂利質となり、ドルドーニュ河流域は粘土質となるため、栽培適品種が違ってくる。隣接する畑でもその間に断層があったりすると、地下構造に違いが生じ、栽培適品種が異なる。

地勢
[ちせい]

英 topography
仏 topographie
伊 topografia

➡ リュー・ディ▷P35

土地のありさまを意味する用語。そこから転じて、ブドウ畑がもつ地理的な特徴。テロワールの重要な一要素である。海洋や山脈、河川などの配置のほか、畑の標高や傾斜、向きなどが含まれる。地勢上のひとつの特徴をもった土地をリュー・ディとして区割りすることもある。フランス・ブルゴーニュ地方では隣接する畑でも午前中から暖められる東南斜面が秀逸とされ、やや北向きになったり、西向きになったりすると、栽培条件が悪くなるため階級が低くなる。

地中海性気候
[ちちゅうかいせいきこう]

英 mediterranean climate
仏 climat méditerranéen
伊 clima mediterraneo

➡ 海洋性気候▷P23、高山性気候▷P26、大陸性気候▷P29

地中海沿岸をはじめとする中緯度帯の大陸西岸に分布する気候。冬季の冷え込みはあまり厳しくないものの、降雨量が増える。一方、夏季は暑く乾燥する。ブドウや柑橘類、オリーブなどの果樹栽培がさかんに行なわれている。代表的産地としてはフランスのローヌ河流域地方やラングドック・ルーション地方、イタリア半島部、スペイン・カタルーニャ地方、アメリカ・カリフォルニア州、西オーストラリア、チリ、南アフリカなどが挙げられる。

沖積土
[ちゅうせきど]

英 alluvial soil
仏 sol alluvial
伊 terreno alluvionale

➡ 洪積土▷P26

おもに河川によって運ばれた土砂が堆積したもの。氷河期が終わる約1万年前から現在までの沖積世(第四期完新世)にできた新しい土壌。沖積地でも砂土や砂壌土からなる排水性が高い土地は果樹作物に向く。一方、おもに粘土からなる土地は保水力や施肥力が高いので、水田などに向く。フランス・ブルゴーニュ地方では沖積扇状地のジュヴレ・シャンベルタンやヴージョなどが有名。

昼夜較差
[ちゅうやかくさ]

英 diurnal (temperature) range
仏 variation de la température diurne
伊 differenza tra le temperature minime della notte e le massime delle ore diurne

➡ クール・クライメイト・パラドクス▷P25

日較差ともいう。ある観測点における1日のうちの最高気温と最低気温の差。日較差はその日の天候条件に大きく左右されるものの、平均すると緯度や標高、気候区分などの地理的条件の影響を受ける。海洋は温度変化が小さいため沿岸部は日較差が小さい。一方、陸地は温度変化が大きいため内陸部は日較差が大きい。果樹作物は日較差が大きいと、糖の蓄積と酸の保持が両立されるため、起伏に富んだ風味豊かなワインに仕上がる。

泥灰岩
[でいかいがん]

英 marl
仏 calcaire marneux
伊 marna

➡ 粘土▷P32

泥岩ともいう。粘土やシルトが堆積してできたものが泥岩。そのなかでも石灰岩の主成分でもある炭酸カルシウムを多く含むものを泥灰岩(マールストーン)と呼ぶ。また、泥岩で剥離性のあるものは**頁岩**(シェール)と呼ぶ。変成作用によって**粘板岩**(スレート)などの変成岩になる。粘板岩はスレート屋根として昔から利用されてきた。ドイツ・モーゼル地方のベルンカステル地区では粘板岩で覆われた畑が有名で、**シーファー**と呼ばれる。

泥灰土
[でいかいど]

英 marlite
仏 marne
伊 marna

粘土質と炭酸塩鉱物が混ざった堆積物。マールともいう。炭酸塩鉱物は石灰岩の主成分である方解石（炭酸カルシウム）などで、これを35〜65％含むものを泥灰土と呼ぶ。また、粘土比率が高いものを**石灰質粘土**、石灰比率が高いものを**粘土質石灰**と呼ぶ。石灰岩が風化されて河川や雨水により運ばれて堆積した。フランス・ブルゴーニュ地方のコート・ド・ボーヌ地区には泥灰土が豊富にあるため、シャルドネの栽培に向くとされている。

テラロッサ

伊 terra rossa

イタリア語で「赤い土」を意味する。石灰岩の風化により生じる土壌のこと。石灰岩に含まれる炭酸カルシウムが溶け出し、後に残った鉄分などが酸化して赤紫色となる。地中海地方におもに分布しており、もともとは地中海沿岸の赤色土壌を指した。気候に関係なく広く分布するため、南オーストラリアのクナワラのように、現在は各地の同じものもテラロッサと呼ぶ。褐色土壌はテラフスカと呼ぶ。あまり肥沃でないため、果樹栽培に利用されることが多い。

テロワール

仏 terroir
伊 terroi

➡ クリマ＞P26、リュー・ディ＞P35

ブドウを育む生育条件の総体として理解される概念。気候、地勢、地質、土壌などの条件が複合的に絡む。ヨーロッパではラベルに地名を掲げるように、ワインの品質基準となっている。当初、新興国では幻想だと一蹴していたものの、新しい付加価値の創造のために、近年はテロワールを掲げるようになってきている。ラテン語の「テラ（大地）」が原語で、各国語での訳語がないため、世界中で共通語として使われる。

土壌
[どじょう]

英 soil
仏 sol
伊 suolo、terra

➡ 団粒構造＞P29

陸地の表層を形成し、生物活動の影響を受けたもの。岩石が風化した無機物のほか、生物遺骸やその分解物などからなる。太陽、水、炭酸ガスとともに植物が育つのに不可欠な役割をもつ。土壌を構成する砂と粘土の割合（土性）により砂土、砂壌土、壌土、植壌土、植土に分類される。粘土比率が低い方が排水性は高いが、保水力や保肥力が弱い。ミミズやダニ、カビなどの土壌生物も分解や撹拌を行なうことで、土壌の形成に大きく関わっている。

土壌微生物
[どじょうびせいぶつ]

英 soil microbes
仏 micro-organismes du sol
伊 microrganismi nel suolo

➡ 土壌＞P31、腐植＞P33

土壌中に生活する生物の総称。植物によって生産された有機物（落葉、落枝、朽木など）を消費、分解することで、植物の生育を促進したり、阻害したりする。モグラやミミズなどの動物、アリなどの昆虫、線虫類、微生物などさまざまなものがいる。

ドロマイト

英 dolomite
仏 calcaire dolomitique
伊 dolomite

石灰岩に含まれるカルシウムがマグネシウムに置き換わった岩石と考えられている。苦灰石を主成分とする堆積岩が苦灰岩。鉱物である苦灰石、岩石である苦灰岩のいずれもドロマイトと呼ぶ。北イタリアのチロル地方にあるドローミティ・アルプスは苦灰石が豊富で、18世紀フランスの地質学者デオダ・ドゥ・ドロミューに因んで命名された。アルプスの優美な景色とは違い、荒々しい岸壁や奇岩が有名。

年間降雨量
[ねんかんこううりょう]

英 annual rainfall
仏 précipitation annuelle
伊 piovosita annata

➡灌漑>P9、栽培条件>P27、排水設備>P33

1年間で雨量計に入った雨や雪、あられ、ひょうなどの総量。液体ばかりでなく、雪などの固体も溶かして液体として計測する。ブドウの栽培には年間500〜900mmが求められ、おもに冬季の降雨が望ましいとされる。アメリカ・カリフォルニア州やオーストラリアなど、これより年間降雨量が少ない場合は灌漑が必要となる。一方、多い場合は糖度が上がりにくいほか、病害などの発生が懸念されるため、排水性のよい土壌での栽培が行なわれてきた。

粘土
[ねんど]

英 clay
仏 argile
伊 creta

➡砕屑物>P26

地質学では3.9μm（1000分の3.9mm）未満の粒子からなる土。これより大きいものは**シルト**と呼ぶ。組成としては珪酸塩鉱物を主とし、方解石や苦灰石などを含む。粘土層の上には水が溜まりやすく、排水性の悪い土地となる。その反面として保水性が高いため、夏季の乾燥のなかでも水分をある程度保持することができる。メルロなどの夏季にも水分供給が必要となる品種では、フランス・ボルドー地方のポムロール地区のような粘土質の土地が適地となることもある。

粘土鉱物
[ねんどこうぶつ]

英 clay mineral
仏 minéral argileux
伊 minerale argilloso

➡土壌>P31、腐植>P33、陽イオン交換量>P35

粘土を構成する鉱物で、主成分は層状珪酸塩鉱物。腐植とともに土壌中で最も機能性の高い成分のひとつ。無機・有機のイオンを一時的に保持したり、それらのイオンをほかのイオンと交換しながら再放出したりする。また、粘土の集合体がつくるすき間に保持した水を植物やほかの生物に供給する。おもな粘土鉱物にカオリナイトやモンモリナイト（スメクタイト）など。モンモリナイトは陽イオン交換容量が非常に高く、フランス・ボルドー地方のポムロール地区などの粘土に含まれる。

排水性
[はいすいせい]

英 drainage
仏 drainage
伊 drenaggio

➡排水設備>P33

土壌がもつ水の逃がしやすさ。排水性が高い土壌は水を逃がしやすく、低い土壌は逃がしにくい。ブドウは比較的乾いた気候を好む植物であることから、フランス・ボルドー地方のように年間降雨量の多い地方では排水性の高い土壌での栽培が求められ、排水性の低い土壌では排水設備を設けることがある。年間降雨量が低すぎる地方、あるいは夏季に降雨がほとんどない地方では、植物が必要な水分を供給するため土壌にはある程度の保水性が求められる。

排水設備
[はいすいせつび]

英drainage facility
仏système de drainage
伊drenaggio impianto

➡レインカット>P20

ブドウ畑から雨水や地下水を排出する設備。かつては畑にテラコッタ製の土管を埋設する**暗渠排水**が行なわれてきた。現在は樹脂製の有孔パイプなどが使われることもある。フランス・ボルドー地方のメドック地区の有力生産者は、ほとんどが暗渠排水設備を備えている。一方、地表を**樹脂シート**で覆って雨水の浸透を防ぐことは、テロワールを損なうとの理由から、フランスでは禁止されている。

白亜紀
[はくあき]

英cretaceous
仏crétacé
伊cretaceo

➡ジュラ紀>P28

地層のなかから発見される生物化石の様相から定めた地質年代で、約1億4550万年前〜6550万年前にあたるもの。中生代の終わりの時代。本来は白堊と書き、白亜は当て字。堊は漆喰のことで、白堊（チョーク）は未固結の石灰岩を意味する。温暖で湿潤な気候に恵まれていた。ジュラ紀中期に誕生した有孔虫などが大繁殖し、その遺骸が厚い石灰岩層を形成した。フランス・シャンパーニュ地方の傑出したワインは白亜紀の**チョーク質**によるといわれる。

バジョシアン

英bajocian
仏bajocien
伊bajociano

➡キンメリッジアン>P25、ジュラ紀>P28、バトニアン>P33

地質年代でジュラ紀中期1億7400万年前〜1億6600万年前にあたるもの。かたい石灰岩で、ウミユリの化石を含む。層の上部は泥灰土質でカキの化石も含む。フランス・ブルゴーニュ地方のジュヴレ・シャンベルタンからモレ・サン・ドニ、シャンボール・ミュジニーの特級、クロ・ヴージョ上部、エシェゾーがバジョシアンに属する区画として知られる。

バトニアン

英bathonian
仏bathonien
伊bathoniano

➡キンメリッジアン>P25、ジュラ紀>P28、バジョシアン>P33

地質年代でジュラ紀中期の約1億6600万年前〜1億1610万年前にあたるもの。前期にプレモーと呼ばれる比較的やわらかい石灰岩があり、中期にコンブランシアンと呼ばれるピンク色のかたい石灰岩や魚卵状石灰岩などがある。フランス・ブルゴーニュ地方のボーヌで沈み込み、その南のピュリニー・モンラッシェで再び隆起する。ブルゴーニュ地方において、プレモーにはヴォーヌ・ロマネの特級、コンブランシアンにはシュヴァリエ・モンラッシェの区画が属する。

腐植
[ふしょく]

英humus
仏humus
伊humus

➡土壌>P31、土壌微生物>P31

植物によって生産された有機物（落葉、落枝、朽木など）が地表に堆積し、土壌生物により分解されたもの。暗色無定形の高分子化合物に変化したもので、分解過程にあるものは厳密には腐植とは呼ばない。また、腐植が豊富な土壌を**腐植質土壌**と呼ぶ。養分や水分の保持力が高いほか、土壌の**団粒化**により植物の生育がよい、土壌の酸性化を緩和するなどの特徴がある。一般的に**腐葉土**とも呼ばれる。

変成岩
[へんせいがん]

英 metamorphic rock
仏 roche métamorphique
伊 roccia metamorfica

➡岩石＞P24

すでにあった岩石（原岩）が熱や圧力などの作用を受けて構成や構造が変化したもの。原岩の種類や変成作用の違いにより分類される。火成岩の貫入によって生じる熱変成岩には、石灰岩を原岩とする**大理石**、チャートからの珪岩などがある。また、地下深部での高温高圧によって生じる広域変成岩には、縞状構造をもった片麻岩や結晶片岩、炭素からのダイヤモンドなどがある。

崩積土壌
[ほうせきどじょう]

英 colluvial soil
仏 sol colluvial
伊 terreno colluviale

段丘崖や急斜面の下部に堆積した土壌。上部にあった岩石が風化により崩れ落ち、溜まってできた。角礫などを多く含み、透水性に富む。不均質かつ未固結な土壌であるため、不安定な斜面を形成し、地すべりなどの災害が懸念される。堆積が新しいため、土壌としては未熟状態である場合が多いものの、風化物によっては腐植や粘土が混じっているので、農耕には好適条件となる場合もある。

母岩
[ぼがん]

英 host rock
仏 roche hôte
伊 roccia madre

➡砕屑物＞P26、土壌＞P31

鉱物や石油などの天然資源の周りの岩石、あるいは貫入岩体の周りの岩石。また、風化した砕屑物に対して、その元となった岩石。母岩が風化により砕屑物となり、母岩の上層に蓄積したものを母材と呼ぶ。母材に生物遺骸やその分解物などが加わり、土壌が生成されていく。母岩にはさまざまなものがあり、生成される土壌を特徴づける。

マッシフ・サントラル

英 massif central
仏 massif central
伊 massiccio centrale

➡アルプス山脈＞P22

フランスの中央部にある山地。中央山地や中央山塊とも呼ばれる。なだらかな山地（最高峰ピュイ・ド・サンシー、標高1886m）で、花崗岩や変成岩、石灰岩などさまざまなもので形成されている。アルプス造山運動に伴い、マッシフ・サントラルも隆起を始め、ジュラ山脈との間にたくさんの断層が生じて、**ソーヌ地溝帯**を形成した。ブルゴーニュ地方はマッシフ・サントラルの東側の辺縁部にあたり、冷たく湿った**偏西風**から遮られることで、高緯度帯にありながらも銘醸地となりえた。

ミクロクリマ
（マイクロ・クライメイト）

英 micro climate
仏 microclimat
伊 microclima

➡気候＞P25、クリマ＞P26

ある気候によって支配される地方のなかにあって、海洋や河川、山脈などの地勢の影響から小さな地域で限定的に現れる気候。微細気候（微気候）とも呼ぶ。全般的に温暖なアメリカ・カリフォルニア州においても、寒流の影響を受ける沿岸部は内陸部より冷涼になる。1970年代以降、カリフォルニアのナパ・ヴァレーが注目されるようになってから、カリフォルニアの生産者たちが頻繁に使うようになった。

陽イオン交換量
[よういおんこうかんりょう]

英 cation exchange capacity
➡ 土壌>P31

土壌の生産性を評価する尺度で、略記はCEC。単位量（乾土100g）あたりの土壌が吸着できる陽イオンの最大量（単位はミリ当量）で表わされる。一般的にこの容量が大きいほど養分の保持力（保肥力）が大きく、肥沃な土壌とされる。腐植や粘土の多い土は陽イオンの吸着量が大きく、砂の多い土は吸着力が小さい。植物が必要な養分を土壌が供給する能力であり、不足する場合は施肥を行なわなくてはならない。

ライン河

英 Rhine
仏 Rhin
伊 Reno
独 Rhein

ヨーロッパ中央部を流れる河川（全長1233km）で、スイス・アルプスを水源とし、北海に注ぐ。中流域ではドイツとフランスの国境をなしており、一帯はドイツのワイン産地とフランスのアルザス地方を包含するライン盆地になっている。ドイツでは昔から、銘醸地は河川のそばにあるといわれ、河岸の急傾斜地がブドウ畑として開墾されてきた。直射光と川面の反射光、ならびに河川水の蓄熱効果により高緯度帯にありながら銘醸地を育んだ。

リージョン・システム

英 region system
仏 région-système
伊 sistema regionale

生育期間（北半球では4月1日から10月31日まで）の積算温度による気候区分。その気候区分をリージョンと呼び、リージョンごとに栽培に適する品種を推奨する。1940年代初め、アメリカのメイナード・アメリンとアルバート・ウィンクラーにより考案された。アメリカ・カリフォルニア州のナパ・ヴァレーの優位性を裏づけるなど、新世界における適地適品種の考え方の発展に寄与した。現在は昼夜較差などを考慮し、より詳細なかたちで適品種を決定している。

リュー・ディ

英 small plot
仏 lieu-dit

➡ クリマ>P26、テロワール>P31

「地名」を表わす言葉で、小区画として訳される。登記上の地名であり、谷や尾根、道などの地勢的な特徴によって境界が設けられている。フランス・ブルゴーニュ地方の特級のいくつかは、単独のリュー・ディがクリマ（**原産地名**）として認められているものもあるが、ほとんどのリュー・ディは複数のリュー・ディが括られてクリマを形成している。近年はワインの付加価値を高めるために、リュー・ディを掲げるものも増えてきている。

隆起
[りゅうき]

英 uplift
仏 soulèvement tectonique
伊 sollevare

➡ 褶曲>P27、断層>P29

地面が海面に対して高度を増すこと。逆に高度を減ずることを**沈降**と呼ぶ。地殻変動や火山活動などにより地盤が上昇する場合のほか、気候変動による相対的な隆起（氷河期に海面が下がる）がある。西ヨーロッパはユーラシアプレートとアフリカプレートの衝突によって隆起した。隆起する際に地層や岩盤に強い圧力がかかり、割れてしまった断層や波打ってしまった褶曲が生じ、複雑な地質を形勢している。

ローヌ河

英 Rhone
仏 Rhône
伊 Rodano

スイスのサン・ゴタール山塊のローヌ氷河を水源とし、レマン湖を経由して地中海に注ぐ河川（全長812km）。レマン湖からリヨンまでの峡谷にある産地をフランス・サヴォワ地方、リヨンから下流にある産地をローヌ河流域と呼ぶ。ローヌ河流域地方はリヨンの南に位置する北部のセプタントリオナル地区、アヴィニョンの近郊に位置する南部のメリディオナル地区に分けられる。

ローム

英 loam
仏 loam
伊 limo

砂、シルト及び粘土がほどよく混ざった土。粘性質が高い。ロームで構成された地層をローム層と呼ぶ。日本では富士山などから噴出した火山灰が堆積した関東ローム層が有名。ただし、定義上は土壌の粒径・組成比のみであるため、火山噴出物である必要はない。もともとは有機物を多く含む土壌を指す。関東ローム層は稲作に向かず、江戸時代中期になって畑作が奨励された。

ロワール河

英 Loire
仏 Loire
伊 Roire

フランス最大の河川で、全長1012kmに及ぶ。マッシフ・サントラルを水源とし、フランス中央部を流れて大西洋に注ぐ。傾斜度の低いゆるやかな流れで、流域面積は国土の5分の1を占める。ワイン産地は中流部から下流部にあり、ロワール河流域地方と呼ばれる。近年は上流部をオーヴェルニュ地方と分類することもある。広大な地域に及ぶため、栽培条件や品種などの多様性が特徴で、地区ごとの独自性が強く出されている。

Glossary of 500 Wine Terms
~Handy Edition for All Professionals and Wine Lovers~

500 Wine Terms

Part 3

醸造

Vinification

パート3　醸造

圧搾
[あっさく]

- 英 pressing
- 仏 pressurage
- 伊 pressatura

➡圧搾機＞P38、フリーランジュース＞P54、プレスジュース＞P55

果皮や種子などの固体に圧力をかけて、液体を搾り出して分離すること。白ワインの場合、破砕後に果汁を搾り出す。赤ワインの場合、発酵、浸漬後にワインを搾り出す。一般的な目安としては、ブドウ1kgからワイン0.7kgが得られる（収率70％と呼ぶ）。圧搾前に破砕器や発酵槽から自然に流出する液に比べて、圧搾により得られる液は濃厚にはなるものの、雑味を伴ったりするため、最終的な品質や個性を考慮しながら、ふたつの液をブレンドしたりする。

圧搾機
[あっさくき]

- 英 press
- 仏 pressoir
- 伊 pressa

白ワインでは破砕したブドウから果汁を搾り出す、あるいは赤ワインではもろみからワインを搾り出すための器具。近年は作業性や品質などを考慮して、さまざまな形状のものが開発されている。代表的なものとしては、①小規模な醸造所では現在も使用されている昔ながらの垂直式（籠式／バスケット式）、②作業効率の高い水平式（機械式）、③果帽への負荷を軽減した水平空圧式（風船様のものを内部で膨らませるもの）、④果帽の入れ替えなしに搾汁が行なえる連続式（内部にらせん状の器具を配したもの）がある。

アッサンブラージュ

- 英 blending
- 仏 assemblage
- 伊 assemblaggio

➡ヴァラエタルワイン＞P63、ヴァラエタルブレンドワイン＞P63、ジェネリックワイン＞P69

英語では**ブレンド**。品種や区画、収穫年などの条件が異なる原酒を混ぜ合わせる作業。フランスのシャンパーニュやボルドーワイン、スペインのシェリーでは生産者の個性を決めるとともに、品質の安定化を図るため、きわめて重視される。ボルドーワインでは製造工程の最終段階として行なわれるのが一般的。シャンパーニュではこの後に瓶内二次発酵に移る。また、アメリカやオーストラリアではヴァラエタルワインの対極として、ブレンドワインと慣習的に使われることもある。

アメリカンオーク

- 英 american oak
- 仏 chêne américain
- 伊 quercia americana

➡オーク＞P39、フレンチオーク＞P55

北米で産出されるオーク材のことで、ホワイトオークとも呼ばれる。フレンチオークに比べてココナッツやバニラを連想させる芳香（フェノリック・アルデヒド）が強い。樽香がつきやすいのが特徴で、ウイスキーの熟成に向くほか、オーストラリアやスペインのリオハ地方、アメリカ・カリフォルニア州の一部などでワインの熟成にも多用されている。

エクスレ度

- 英 oechslegrade
- 仏 échelle oechsle
- 伊 grado oechsle
- 独 grad oechsle

➡KMW＞P41、ブリックス＞P54

収穫時のブドウ果汁に含まれる糖度を表わす測定値（表記は°œ）。15℃での果汁1ℓと水1ℓの重量差を糖分と見なすため、実際の糖度とは異なり、果汁の重量が1090gであった場合90°œとなる。ドイツやスイスなどで利用されており、ドイツではエクスレ度の高低によってワインの階級が決められる。ドイツの物理学者クリスティアン・フェルディナント・エクスレ（1774～1852年）が考案したことから命名された。

エストゥファ

葡 estufa
➡ カンテイロ>P41

クーバ・デ・カロールともいう。ポルトガル産の酒精強化酒マデイラの加熱熟成を行なうための専用タンク。内部あるいは外周に水管を設置しており、50℃前後の温水を流すことでタンク内のワインを温める。最低3カ月の加温を行なうが、比較的早く加熱熟成の効果が得られる。ティンタ・ネグラ・モーレ種を使用した3年熟成などのスタンダードクラスの商品に用いられる。以前はコンクリート製が一般的だったが、近年はステンレス製が普及してきている。

エチルアルコール

英 ethanol
仏 éthanol
伊 etanolo

➡ 発酵>P52、アセトアルデヒド>P98

エタノールともいう。アルコールの一種で、酒類の主成分であることから酒精とも呼ばれる。飲用（22％）のほか、医薬品・工業原料（10％）、燃料（68％）としても利用されており、ほとんどはアルコール発酵によって製造されている。人間がエチルアルコールを摂取すると、中枢神経を抑制する効果により酔いの症状が現れる。**アルコール脱水素酵素**と**アルデヒド脱水素酵素**の働きにより、水と二酸化炭素に分解されて体外へ排出される。

オーク

英 oak
仏 chêne
伊 quercia

➡ アメリカンオーク>P38、フレンチオーク>P55

ブナ科コナラ属の樹木の総称。亜熱帯から亜寒帯まで北半球に幅広く分布しており、数百種類が知られている。日本では「樫（カシ）」と翻訳されてきたが、正確には常緑樹の樫はライブオーク、落葉樹の楢（**ナラ**）がオークである。加工しやすいため、家具や床材、樽材として古くから利用されてきた。代表的産地としては、①芳香性とタンニンのバランスがよいフランス、②強い芳香性があるアメリカ、③フランスと同じ材質であることからフランスの代替として注目される東欧がある。

大樽
[おおだる]

英 large cask
仏 foudre, tonneau
伊 botte, tino botte

➡ 小樽>P42、新樽>P46、古樽>P54

ワインを貯蔵あるいは熟成させるための木製容器で、容量が大きなもの。おもな産地にドイツ・モーゼル地方の**フーダー**（1000ℓ）やライン河流域の**シュトゥック**（1200ℓ）などがある。使用期間が数十年から数百年と長い。その間に内壁はワインに含まれる成分が結晶化して被覆されるため、木材からの成分の抽出がなく、木目を通しての空気の透過もない。ワインを木材や空気の影響を防いで貯蔵あるいは熟成させたいときに使用する。

オクソライン・ラック

英 oxo line racks
仏 oxo-line

白ワインで行なわれていたバトナージュを密閉状態で行なえるように開発された技術。滑車を備えた骨格の上に小樽を置き、その滑車を使って小樽を人力で回転させることで、ワインと澱を撹拌する。従来は樽に開けた穴に棒を突き刺して撹拌していたため、空気との接触が不用意に起きたり、ワインがこぼれて衛生的でないという問題があった。多段に組むことで省面積化できる利点もある。

滓/澱
[おり]

英 deposit / sediment
仏 dépôt / sédiment
伊 deposito / sedimento

➡ シュール・リー＞P45、バトナージュ＞P53

ワインに含まれる固形成分が容器の底に沈殿したもの。製造工程で生じるものは酵母、バクテリア、コロイドなどからなる。一方、瓶熟成で生じるものはポリフェノールが重合したもの。慣習的には製造工程では生じたものは「滓」、瓶熟成では「澱」と言い分ける。この考え方によれば、瓶内二次発酵で生じるものは滓と呼ぶ。

滓引き
[おりびき]

英 racking
仏 soutirage
伊 travaso

➡ シュール・リー＞P45

滓と呼ばれる沈殿物を分離するために、上澄みのワインだけを別の容器に移し替える作業。発酵が終わったばかりのワインは固形物が浮遊しており、濁っている。やがて貯蔵、熟成中に滓として沈殿するが、そのままにしておくとワインのオフフレーバーの原因にもなることから、ワインと分離する。滓はブドウに由来するペクチンやポリフェノール、酒石酸塩、酵母などからなる。冬から春にかけて数回にわたって作業を繰り返すことで、ワインの透明度が増す。生産者のスタイルによっては、行なわないこともある。

果帽
[かぼう]

英 cap
仏 chapeau
伊 cappello galleggiante

➡ サブマージド・キャップ・マセレーション＞P43、ピジャージュ＞P53、ルモンタージュ＞P59

赤ワインの浸漬工程において、果皮や種子が果汁の上に浮き上がったもの。果皮や種子の固体層は果汁よりも比重が小さく、発酵により生じた二酸化炭素が固体層を浮き上がらせる。果帽をそのままにしておくと抽出効率が低くなる上、有害微生物が繁殖して品質を落とす原因となるため、ピジャージュやルモンタージュといった撹拌作業を定期的に行なうことにより、あるいはサブマージド・キャップにより固体層を果汁中に沈めておくことにより、果皮が果汁に浸っている状態をつくる。

かもし

英 maceration
仏 macération
伊 macerazione

➡ 発酵後浸漬＞P53、発酵前低温浸漬＞P53、マセラシオン・カルボニック＞P56

マセラシオンともいう。赤ワインの製造工程において、果皮や種子を果汁に**浸漬**することで、果皮や種子から果汁に色素や成分の抽出を行なう工程。通常はかもしを行ないながら、アルコール発酵を同時に行なう。浸漬期間は発酵温度が高いときは短く、低いときは長くなり、一般的には1～2週間ほど。浸漬を終える際には圧搾作業などの固液分離を行なう。また、応用技術として発酵前低温浸漬や発酵後浸漬など、さまざまなものが考案されている。

還元
[かんげん]

英 reduction
仏 réduction
伊 riduzione

➡ 酸化＞P44、還元臭＞P102

物質が電子を得る化学反応。また、物質が水素と化合する反応、あるいは酸素を失う反応。ワイン造りにおける還元、あるいは還元的とは酸素が介在しないという意味で使われている。現在、ワインは醸造、熟成工程で基本的に還元的な環境に置かれているか、あるいはルモンタージュやミクロオキシジェナシオンのように、ある程度までの酸化が管理されたかたちで行なわれている。

カンテイロ

英canteiro
仏canteiro
伊canteiro
ポcantilo

➡エストゥファ＞P39

ポルトガル産の酒精強化酒マデイラの加熱熟成を行なうための専用倉庫。天窓を備えた屋根は薄い造りをしており、太陽熱が庫内を暖める仕組みになっている。マデイラ島は温暖気候であるため室温は平均30℃となり、夏季には50℃近くまで上がる。屋根に近い上階は高温になり熟成が早く、床に近い低階は涼しくゆっくりと熟成する。ヴィンテージや10年など熟成期間を表示した高級品の加熱熟成に用いられる。

逆浸透膜
[ぎゃくしんとうまく]

英reverse osmose membrane、inverse osmose membrane
仏osmose inverse
伊osmosi inversa

水分子のような小さな分子だけを通す浸透膜（半透膜）のこと。水分を除去する**果汁濃縮**に用いられる技術のひとつ。糖分や有機酸、色素、タンニンなどのほとんどの成分を残留させることができる。水分子を取り除く際に圧力をかけるものの、果汁を加熱する必要がないので、果汁の劣化をある程度抑えられる。20世紀半ばに確立され、海水淡水化や果汁の濃縮還元に用いられてきたものが、1980年代にワインへ転用されるようになった。

キュヴェ

英cuvee
仏cuvée
伊cuveè

発酵容器を意味するキューヴ（cuve）から生まれた言葉で、発酵容器のなかのワインを指す。特別な個性をもったロット、あるいは**ブレンド**という意味でも使われる。同じ原産地を掲げた銘柄であっても、キュヴェ・ヴィエイユ・ヴィーニュ（古樹から収穫されたブドウのキュヴェ）やキュヴェ・スペシアルというように、特徴的な個別の銘柄として商品化されている。同じような派生語として、発酵から液抜きまでを**キュヴェゾン**と呼ぶ。

クリオ・エクストラクション

英crio-extraction
仏cryo-extraction
伊crioestrazione

伝統的なアイスワインを人工的に再現したもので、甘口の白ワインを造る技術。収穫されたブドウを氷点下7度以下の貯蔵庫で冷凍し、凍結したブドウを圧搾することで、糖度の高い果汁を得られる。カナダなどの新興国で、簡易にアイスワインを造る技術として普及している。また、フランス・ボルドー地方のソーテルヌでも限定的に導入が認められているものの、ドイツではアイスワインの製造には認められていない。

KMW

独Klosteneuburger Mostwaage

➡エクスレ度＞P38

オーストリアで用いられている果汁糖度の測定値。エクスレ度やブリックスとは違い、純粋な糖のみの重量％を示す。オーストリアではKMWの高低によりワインの階級が決められる。クロスターノイブルクにあるワイン研究機関で1869年に考案されたため命名された。

パート3　醸造

麹
[こうじ]

英 malted rice
仏 moût, levain

米や麦、大豆などの穀物、または精白するときに出た糠（ぬか）などにコウジカビを繁殖させたもの。コウジカビは菌糸の先端からデンプンやタンパク質などを分解する酵素を放出し、分解により得られたデンプンやアミノ酸を栄養源として増殖する。コウジカビの産生した酵素を利用して、日本酒や味噌、しょうゆ、食酢、漬物などの発酵食品が製造される。ヒマラヤ地域と東南アジアを含めた東アジア圏に特有の発酵技術である。

酵母
[こうぼ]

英 yeast
仏 levure
伊 lievito

➡ サッカロミセス・セレヴィシエ＞P43

円形または長円形の単細胞の真菌類の総称で、大きさは5〜10μ（0.005〜0.01mm）。一般的には食品加工に古くから用いられてきたサッカロミセス属を指しており、なかでもワインでは発酵に用いられるサッカロミセス・セレヴィシエを指している。自然界にも多く存在しており、昔ながらにはそれらを利用して発酵を行なった（自然酵母）。しかし、自然界には複数の酵母が存在するため、好ましい風味をもつ酵母だけを選抜して培養したもの（培養酵母）を用いることが一般的。

コールド・スタビライゼーション

英 cold stabilization
仏 stabilisation tartrique par le froid
伊 stabilizzazione tartarica a fredda

発酵後、ワインに含まれる過剰な酒石酸カリウム（酒石）を除去する技術。**安定化処理**とも呼ばれる。瓶詰め後に析出する酒石はワインの商品価値を低くするため、瓶詰め前にワインを-5℃まで冷却して酒石を析出させることで、瓶詰め後の析出を防ぐ。冬季の冷え込みが厳しい地方では貯蔵中に自然と酒石の析出が起きるので、安定化処理を行なわないことも。あまり冷え込まない暖かい地方では、ワインを強制的に冷却する必要がある。

小樽
[こだる]

英 small cask
仏 barrique
伊 botte

➡ 大樽＞P39、新樽＞P46、古樽＞P54

ワインを熟成させるための木製容器で、容量が小さなもの。フランス・ボルドー地方の**バリック**（225ℓ）やブルゴーニュ地方の**ピエス**（228ℓ）が有名。使用期間は数年程度と短く、高級ワインでは、毎年新しい樽（新樽）を使用することもある。新樽の場合、木材からバニリンやタンニンがワインに溶け出す上、木目を通して空気が透過することから、ワインを木材や空気の影響を与えて熟成させたいときに使用する。

コルク

英 cork
仏 bouchon
伊 tappo

➡ スクリューキャップ＞P47、ブショネ＞P111

コルク樫の樹皮をはく離して加工した弾力性に富む素材で、ワインボトルの栓として利用されている。コルク樫は地中海地方を原産とする常緑樹で、コルクの主産地はポルトガル（52%）やスペイン（29.5%）、イタリア（5.5%）、アルジェリア（5.5%）など。19世紀後半からの産業革命でガラス工業が発展し、ガラス製品が普及したことに伴ってコルク栓も普及するようになった。近年はコルク臭の問題により、代替品への転換を進める動きもある。

コンクリートタンク

英 concrete tank
仏 cuve en ciment
伊 tino in cemento

🔁 アメリカンオーク＞P38、フレンチオーク＞P55

ワインを発酵あるいは貯蔵するためのコンクリート製の容器。醸造所の壁面を部屋状に仕切ってつくられている。衛生管理の難しさからステンレスタンクなどに転換が進んだ時期がある。ステンレスに比べて熱伝導率が低いので、外気温度の変化を受けにくいことから、支持する声も根強い。近年は内壁にガラス板を貼って、壁面にワインが浸透しないようにして衛生管理を容易にし、槽内にらせん状の水管を設置して温度管理が行なえるものが普及している。

混醸
[こんじょう]

英 mixed crop
仏 vinification multicépages
伊 uvaggio

複数の品種を一緒に仕込んで発酵やかもしを行なうこと。ドイツでは**ロートリング**（rotling）と呼ばれる黒ブドウと白ブドウを混ぜて醸造するロゼワインがある。現在、フランス・ボルドー地方では品種ごとに収穫や醸造を行なうものの、中世の頃までは一緒くたに醸造していた。当時はワインの色合いも淡いバラ色であったことから、イギリスではボルドーの赤ワインを明るいを意味するクレーレから転じたクラレットと呼ぶようになった。

サッカロミセス・セレヴィシエ

学 saccharomyces cerevisiae

🔁 酵母＞P42、サッカロミセス・バヤヌス＞P43

酵母のうち出芽により増殖するものの一種。一般的に醸造用酵母とも呼ばれ、ワインの発酵のほか、清酒やビール、パンの発酵にも用いられる。糖類をエチルアルコールと二酸化炭素に分解する発酵を行なう。属名のサッカロミセスはギリシャ語の砂糖とキノコが語源。古くはブドウの表面や酒蔵に生息する自然酵母で発酵が行なわれたが、近年はそれらのなかから選抜された優秀な株が培養される。

サッカロミセス・バヤヌス

学 saccharomyces bayanus

🔁 産膜酵母＞P44

醸造用に用いられる酵母のひとつで、アルコール耐性が強いため貯蔵中のワインの品質を損なう原因にもなる。一方、シャンパーニュをはじめとするスパークリングワインの瓶内二次発酵で使われるなど、特殊な製造工程においては重要な役割も果たす。また、シェリーにおいては発酵後、液面にフロール（花）と呼ばれる皮膜を形成して繁殖し（そのため産膜酵母と呼ぶ）、独特の風味をもたらす。

サブマージド・キャップ・マセレーション

英 sub-merged cap maceration
仏 macération à chapeau submergé
伊 macerazione a cappello sommerso

🔁 かもし＞P40、ピジャージュ＞P53、ルモンタージュ＞P59

発酵槽のなかほどに格子状の板をはめて、比重の軽い果帽が浮き上がるのを防ぐ浸漬技術。昔からフランスやイタリアでは用いられてきたものの、近年はあまり用いられていない。容器を密閉できるので、ハエの混入などを防ぐことができる。果汁と果帽が動かず、抽出効率が低く緩慢になり、浸漬期間が長くなる。

酸化
[さんか]

英 oxidation
仏 oxydation
伊 ossidazione

➡ 還元＞P40、酸化防止剤＞P44、ミクロオキシジェナシオン＞P57、ルモンタージュ＞P59

物質が電子を失う化学反応。また、物質が酸素と化合する反応、あるいは水素を失う反応。ブドウやワインにはポリフェノール類などの酸化しやすい物質が多く含まれ、ほとんどのワインは製造工程で酸化防止剤として亜硫酸塩を添加する。亜硫酸塩はいち早く酸素と化合して無害な物質に変化し、ワインの酸化を防ぐ。また、酸素を消費することで、有害菌の繁殖も抑えられる。ルモンタージュやミクロオキシジェナシオンのように、ある程度までの酸化が管理されたかたちで行なわれることはある。

酸化防止剤
[さんかぼうしざい]

英 antioxidant
仏 antioxydant
伊 antiossidante

ワインの酸化を防ぐための添加物で、亜硫酸カリウムなどの**亜硫酸塩**が使用される。酸化防止剤は**二酸化硫黄**（SO_2）を発生させるため、一般的には二酸化硫黄とも呼ばれる。圧搾時や熟成時などさまざまな段階で添加される。二酸化硫黄の効能としては、①酸化防止作用、②雑菌繁殖の抑制、③色素や風味の効率的な抽出などがある。健康被害を心配する声があるため、日本では二酸化硫黄の残留量はワイン1kgにつき0.35g未満と厳しく規制されている。

産膜酵母
[さんまくこうぼ]

英 film yeast
仏 voile de levure
伊 strato di lievito

➡ 黄ワイン＞P67、シェリー＞P69、フィノ＞P74

液面に皮膜を形成する酵母のこと。通常のワイン造りでは酵母は液中に存在するが、この酵母により皮膜が形成されると、アセトアルデヒドなどの刺激臭が強くなるので、汚染とみなされる。スペインのシェリーやフランス・ジュラ地方の黄ワイン（**ヴァン・ジョーヌ**）などの特殊なワインにおいては、その個性を決める不可欠な工程。好気性、好塩性で、漬物などをつくるときにも表面に皮膜を形成する。昔ながらには白カビと呼ばれることもある。

自己分解
[じこぶんかい]

英 autolysis
仏 autolyse
伊 autolisi

➡ シュール・リー＞P45、バトナージュ＞P53、瓶内二次発酵＞P54

自己消化、自己溶解ともいう。酵母が糖類を消費してしまって死滅し、自らがつくり出した酵素によってタンパク質やアミノ酸に分解されていくこと。分解された成分がワインに溶け出すことにより、ワインにうま味や厚みが増す。シュール・リーやバトナージュ、瓶内二次発酵によるスパークリングワインの瓶熟成などに利用されている。また、酵母の自己分解を利用して、健康食品や美容液などでは酵母エキスなどとうたった商品も発売されている。

仕込み水
[しこみすい]

英 mother water
仏 ajout d'eau

清酒やビール、ウイスキーなどの穀物原料の酒類を製造する際に添加される水のこと。仕込み水は製品の出来映えを左右する重要な役割を担う。ミネラル分を多く含むものを硬水、少ないものを軟水と分類する。硬水は酵母の栄養源となるミネラル分が豊富なため、発酵が活発に進み、しっかりとした風味になる。一方、軟水は発酵管理が難しいものの、軽やかで繊細な風味となる。名水のあるところに銘酒があると古くからいわれる。

ジャイロパレット

英 gyropallet
仏 gyro

➡ルミュアージュ>P58

スパークリングワインの製造工程において、瓶内二次発酵の後に行なわれるルミュアージュ（動瓶作業）の機械。750mℓの瓶を約500本収納した1m四方の鋼鉄製ケージを回転機に載せ、自動制御で回転させながら澱を瓶口に集める。手作業で2～3週間かかっていたものを2～7日ほどで完了する。大手業者ではほぼ導入されている。

シャルマ方式

英 charmat process
仏 méthode charmat
伊 metodo charmat

➡トランスファー方式>P51、瓶内二次発酵>P54、メトード・リュラル>P58

密閉タンク方式ともいう。スパークリングワインの製造方法のひとつ。耐圧タンク内で二次発酵を行ない、二酸化炭素を捕捉する。瓶内二次発酵で必要な動瓶作業を省略でき、より簡易で安価に製造ができる上、フレッシュでフルーティな風味を素直に表現できるのが特徴。イタリアのアスティやプロセッコなど、幅広く用いられている。一般的にはフランスの栽培家の名前を取ったシャルマ方式と呼ばれるが、マルティノッティが先に考案した（1846年）ことから、イタリアでは**マルティノッティ方式**とも呼ばれる。

シュール・リー

英 on the lees
仏 sur lie
伊 sulle fecce

➡澱引き>P40、自己分解>P44、バトナージュ>P53

リーズ・コンタクトともいう。「澱の上」という意味の通り、澱と呼ばれる沈殿物と分離しないでワインを熟成させること。澱はオフレーバーの原因ともなることから、通常のワイン製造においては樽などの底部にある沈殿物を残して、上澄み部分だけを別の容器に移している。しかし、澱は酵母の分解物などであるため、酵母を構成していたタンパク質がアミノ酸に分解され、ワインに溶解すると風味に厚みが増し、複雑になる。フランス・ロワール河下流域のミュスカデなどで頻繁に使われている。

熟成
[じゅくせい]

英 aging
仏 vieillissement
伊 invecchiamento

時間の経過によりうま味が増したり、品質が向上したりすること。ワインにおいては発酵工程の後、樽やタンクでワインを貯蔵することで、風味が落ちついたり、深みや複雑さが増したりすること。また、瓶詰め後の貯蔵においては瓶熟成と呼ぶ。生物学的な定義はなく、ワインのように微生物の関与がない場合もあれば、チーズのように微生物が関与することで熟成するものもある。

常温減圧濃縮
[じょうおんげんあつのうしゅく]

英 condensation by vacum evaporation
仏 concentration sous vide à basse pression
伊 concentrazione con la pressione ridotta a temperatura costante

➡逆浸透膜>P41

気圧が低いと沸点が降下する原理を用いることで、果汁中の水分を除去して、果汁を濃縮する技術。もろみを入れた密閉容器内を減圧することで、常温（18～20℃）で水分だけを蒸発させる。低温で行なわれる上、果汁に圧力がかからないため、果汁の劣化がほとんどないといわれている。20世紀半ばにフリーズドライとして食品の保存加工で実用化されており、1990年代にワインへ転用されるようになった。

パート3　醸造

蒸留
[じょうりゅう]

英 distillation
仏 distillation
伊 distillazione

➡蒸留酒＞P71

混合溶液を加熱して蒸発させ、再び凝縮（液化）させる操作により、沸点の異なる成分を分離、濃縮すること。ウイスキーやグラッパなどの蒸留酒造りにおいては、エタノール（沸点78.3℃）と水（同100℃）の沸点の違いを利用して、高濃度のアルコール飲料を造る。蒸留のたびに溶液を釜に入れ直す単式蒸留、いったん釜に入れると連続的に蒸留される連続式蒸留がある。単式蒸留の方が原料の風味を強く表現したものとなる。

除梗
[じょこう]

英 destemming、destalkig
仏 égrappage、élaflage
伊 diraspatura

➡破砕＞P52

ブドウの果梗を除去する作業。機械化されており、回転軸についた放射状の棒によって、ブドウが叩かれるうちに果粒と果梗が分離する。分離された果粒は一連の流れで破砕機にかけられて、軽く押しつぶされて果皮を破かれる。近年は破砕作業の間に粒ごとの選別作業を行なうこともある。かつては足でブドウを踏み、破砕作業を行なっていた。もろみを発酵槽に移す際に、ポンプを利用すると梗が傷つけられ品質低下を招くことから、除梗が行なわれるようになったといわれる。

新樽
[しんだる]

英 new cask、new barrel
仏 barrique neuve
伊 fusto nuovo、botta nuova

➡大樽＞P39、小樽＞P42、古樽＞P54

新調された小樽のこと。新樽での熟成では、適度な酸化によりポリフェノールの重合が小さなかたちでとどまり、色調や風味が濃いままを保つことができる。1樽につき8〜10万円と高価なことから、フランスのボルドーワインやブルゴーニュワインの高級品を手掛ける生産者で多用することもある。高級感を安価に表現するため、新樽の代用として**オークチップ**（おがくず）や**スターヴ**（木切れ）をワインに浸けることもある。

ズースレゼルヴェ

英 sweet reserve
独 süßreserve

おもにドイツの日常消費用ワインで風味の改善に用いられる技術。未発酵の果汁を冷蔵保存しておき、発酵後のワインに混ぜることでフレッシュさやフルーティさ、甘みをもたらす。Q.m.P.以下の階級では、同じ地域で採れたブドウの果汁を最大25％まで添加が認められている。果汁の保存は無菌濾過、無菌貯蔵、炭酸ガスによる高圧貯蔵、瞬間加熱殺菌による貯蔵、高濃度亜硫酸添加による貯蔵、氷温（0℃）貯蔵などが導入されている。

スキンコンタクト

英 skin contact
仏 macération pelliculaire
伊 macerazione pellicolare

白ワインの醸造において、果汁に果皮を浸漬する技術。浸漬時間は数時間から長くても半日ほど。果汁の酸化が進みすぎてしまうため、赤ワインの場合とは違って浸漬時間は短い。華やかで濃密な風味を引き出すことができる。ただし、風味の寿命は長くない上、数年で色合いが褐色化するため、早飲みタイプで用いられる。フランス・ボルドー大学のドゥニ・デュブルデュー教授が1980年代にボルドーの白ワインに導入したのが始まり。

スクリューキャップ

英 screw cap
仏 capsule à vis
伊 tappo a vite

➡ コルク>P42、ブショネ>P111

瓶の栓で、ねじ式になっているもの。清涼飲料水のペットボトルではなじみがあるが、ワインでは1970年頃から採用され始め、2000年代になってオーストラリアやニュージーランドを中心に急速に普及した。一般的にアルミニウム製の栓のなかにポリエチレンのライナーを貼った構造。空気透過率が低く、固体による品質差が小さいため、品質管理がしやすい。一方、空気透過率の低さから熟成が遅いという声もある。

ステンレスタンク

英 stainless steel tank
仏 cuve en inox
伊 tino inox

➡ コンクリートタンク>P43

ワインを発酵あるいは貯蔵するためのステンレス製の容器。ワインと接触していてもサビや腐食の心配がないほか、密閉性が高く、洗浄がしやすいなど、品質管理や衛生管理に優れるのが特徴。また、ジャケット式と呼ばれる水管を備えた**温度制御機能**をもつタンクでは、水管に温水や冷水を流して発酵や熟成を望ましい温度に設定することができる。白ワインで多く使われる。

清澄
[せいちょう]

英 clarification
仏 clarification/collage
伊 chiarificazione

➡ 滓引き>P40、無清澄>P57

ワインの貯蔵、熟成中に浮遊固形物を除去し、透明感を向上させる作業。用途に応じて、卵の卵白やタンニン、ゼラチン、ベントナイトなどの清澄剤をワインに添加する。これらの清澄剤が浮遊固形粒を吸着して沈降するのを待ち、上澄みを別容器に移し替える。清澄は風味の減退を避けられないことから、濃厚な風味を志向する生産者は、自然沈降による滓引きのみにとどめることも多い。

清澄剤
[せいちょうざい]

英 fining agent
仏 colle
伊 chiarata、chiarificante

清澄作業を行なう際、ワインのなかの浮遊固形物を吸着させて沈殿させるもの。有名なものとしては、昔ながらに赤ワインに使われてきた**卵白**がある。卵白に含まれるアルブミンというタンパク質がタンニンと結びつきやすいことを利用した。現在では精製された卵白アルブミン、ベントナイト（粉末粘土）、ゼラチン、カゼイン、タンニンなど、さまざまなものが使われている。

セニエ

英 bleeding
仏 saignée
伊 salasso

ロゼワインの代表的な醸造技術で、赤ワインのかもし期間を短縮したもの。赤ワインのかもしでは通常1～2週間を費やすものの、セニエでは3～4日で発酵槽から果汁を抜き取る。昔、医療で行なわれていたセニエ（**瀉血**）という治療法において血が流れ出る様子に、この技術が似ていることから命名された。一部の果汁を抜き取った後、果皮や種子の割合が増した残りの果汁を利用して、赤ワインの濃縮化にも使われることがある。かもしが終わった発酵槽から赤ワインを引き抜くことを**エクラージュ**と呼ぶ。

パート3　醸造

選果
[せんか]

英 sorting fruits
仏 éplucharge/triage
伊 cernita

選別ともいう。良質原料ブドウのみを選別すること。選別によりワインの品質が著しく向上する。収穫時に腐敗果を除くかたちでの選別は昔から行なわれてきた。近年、醸造所にブドウが搬送されたときに**選果台**を用いて選別を行なうことも普及してきている。さらに除梗後に果粒での選別を導入する生産者も多い。当初は人の目視による選別が行なわれていたが、コンピュータ制御の自動選果も開発されている。

全房圧搾
[ぜんぼうあっさく]

英 whole bunch press
仏 pressurage de grappes entières
伊 pressatura del grappolo intero

ホール・バンチ・プレスともいう。製造工程において、除梗、破砕をせずに圧搾作業を行なうこと。梗が含まれているため、搾汁量は通常の半分程度となり、梗からの渋みを出さないために低圧でゆっくりと搾る必要がある。機械による除梗作業では、傷つけられた梗から渋みや青臭い風味が出ることがある。それを嫌う生産者が手間はかかるものの、全房圧搾を導入したりしている。また、フランスのシャンパーニュ地方でも繊細な果汁を得るために、搾汁は全房圧搾で行なわれている。

全房発酵
[ぜんぼうはっこう]

英 whole bunch fermentation
仏 encuvage en grappes entières
伊 fermentazione del grappolo intero

▶マセラシオン・カルボニック>P56

ホール・クラスター・ファーメンテーションまたは**ホール・バンチ・ファーメンテーション**ともいう。醸造工程において、除梗や破砕をせずにブドウを房ごと発酵させる技術。フルーティさを押し出しすぎないで清楚な風味となるものの、梗が熟していないと青臭いスパイシーな風味になる。フランスのブルゴーニュ地方では伝統的に用いられてきた技術で、現在もドメーヌ・ド・ラ・ロマネ・コンティ社のように全房発酵を基本として、梗の成熟を見ながら年により一部除梗を行なう生産者も少なくない。

総有機酸量
[そうゆうきさんりょう]

英 total acidity
仏 acidité totale
伊 acidità totale

▶pH>P55

TAと表記することも。ワインに含まれる有機酸の総量。中和滴定法で測定を行なうが、ワインにはさまざまな有機酸が含まれており、中和滴定法では個々の測定ができないので、ワインでは最も割合の高い酒石酸で換算するのが一般的（硫酸換算を行なうこともある）。また、中和滴定による**滴定酸度**（titratable acidity）もTAと略され、以前はワインの酸度を示す尺度として利用されたが、正しい尺度にはならないとして、現在はpHを利用するのが普及している。

ソレラ・システム

英 solera system
仏 système solera
伊 metodo solera
西 solera

スペインの酒精強化酒シェリーの伝統的な熟成、ブレンド技術。100個ほどの樽をひと組にして3～4段に組み上げ、**ソレラ**と呼ばれる最下段の樽からワインの一部を抜き取って瓶詰めする。その補填には**クリアデラ**と呼ばれる上段の樽からワインを混ぜながら移すことで、収穫年や樽によるばらつきをなくして均質化を図る。近年はタンクをポンプでつないで行なうのが一般的。また、フランスのシャンパーニュ地方では貯蔵タンクに毎年、原酒を注ぎ足していくかたちでのソレラが行なわれたりしている。

代替コルク
[だいたいこるく]

英 alternative cork
仏 bouchon synthétique
伊 tappo alternativo

➡スクリューキャップ>P47、ブショネ>P111

コルクを原因とする劣化を避けるため、コルクに代わる新しい素材や機構からなる栓。代表的なものとしてスクリューキャップ、合成コルク、ガラス栓などがある。コルク臭の問題が大きく取り上げられるようになった1970年頃から導入が始まるものの、普及するのは2000年代に入ってから。現在はオーストラリアやニュージーランドをはじめとする新世界諸国を中心に利用されており、フランスなどの伝統国でも導入が始まっている。

樽熟成
[たるじゅくせい]

英 cask aging, barrel aging
仏 élvage en fût
伊 invecchiamento in botte

➡大樽>P39、小樽>P42、樽発酵>P49

ワインの熟成を樽内で行なう技術。容器の大きさや新しさにより、熟成の経過が大きく異なる。基本的には樽や空気の影響を避けたければ容量は大きく、古いものを使う。逆に樽や空気の影響を強くしたければ、発酵させたワインを新樽の小樽に入れる。樽材の成分はアルコールに溶けやすく、発酵中に酵母などが樽の内壁に付着することはない。

樽内MLF

英 malo-lactic fermentation in barrel
仏 fermentation malolactique en barriques
伊 fermentazione malo-lattica in fusti

マロラクティック発酵(MLF)を新樽内で行なうもの。タンク内でMLFを行なって新樽に移すのに比べて、コーヒーにたとえられる香りのフェランメタンチオールなどのチオール系化合物(メルカプタン)が早い時期から多く生成される。ただし、1年ほどの樽熟成を経ると両者の違いはほとんどなくなる。フランス・ボルドー地方ではプロ向けの樽試飲を毎年、収穫年の翌春に開催しており、評論家や販売業者からの高評価を得るために、樽内MLFを行なうこともあるようだ。

樽発酵
[たるはっこう]

英 barrel fermentation
仏 fermentation en fût
伊 fermentazione in fusti

➡新樽>P46、樽熟成>P49

白ワインの醸造技術で、アルコール発酵を樽で行なうもの。一般的にはバリック(225ℓ)などの小樽が用いられる。通常は引き続いて樽熟成を行なう。発酵温度が30℃前後まで上がるのでワインに厚みが増すとともに、新樽の場合は樽材から成分が抽出されて複雑さが増す。フランス・ブルゴーニュ地方の白ワインで用いられていたものの、近年はフランス・ボルドー地方の高級白ワインなどでも導入が進んでいる。また、近年はボルドーやイタリア・トスカーナ州などで赤ワインの樽発酵が実験的に始まっている。

炭酸ガス注入方式
[たんさんがすちゅうにゅうほうしき]

英 carbonated sparkling wine
仏 gazéification
伊 gassificazione

➡シャルマ方式>P45、トランスファー方式>P51、瓶内二次発酵>P54

カーボネーション方式ともいう。スパークリングワインの製造方法のひとつ。密閉タンクのなかでスティルワインに二酸化炭素を高圧充填することで、スパークリングワインを製造する。瓶内二次発酵のような手間がかからないため、安価に製造することができる。市販のビールや清涼飲料水などでは一般的に用いられており、ワインでは低価格品の一部で導入されている。この技術に対して、発酵による二酸化炭素の蓄積を**ナチュラル・カーボネーション**とも呼ぶ。

パート3　醸造

単式蒸留器
[たんしきじょうりゅうき]

英 pot still
仏 alambic charentais
伊 alambicco

➡ 連続式蒸留器＞P59

蒸留の度にアルコール含有物を釜のなかに入れ替えるタイプの蒸留器。連続式蒸留器に比べてアルコール精製度は低いものの、原料の風味が蒸留液に残りやすいことから、フランスのコニャックや日本の単式蒸留焼酎（旧名：焼酎乙類）などの高級品を製造する際に用いる。コニャックの場合、単式蒸留器による蒸留を2回行なうことを義務づけている。また、本格焼酎も単式蒸留器を用いて蒸留することが酒税法により定められている。

直接圧搾法
[ちょくせつあっさくほう]

英 pressing direct
仏 pressurage direct grappe entière
伊 pressatura diretta delle uve

➡ セニエ＞P47

ロゼワインの製造方法のひとつで、淡く明るい色合いのロゼワインを造るときに用いられる。黒ブドウを除梗、破砕の後に圧搾し、果皮から色素がわずかに溶け出した果汁を発酵させる。セニエのようなかもしは行なわない。フリーランジュースからロゼワインを造ることもある（エグタージュ）。代表的なものとしては、アメリカ・カリフォルニア州などで造られる**ブラッシュワイン**などがある。

ティラージュ

英 bottling
仏 tirage
伊 tirage、messa in bottiglia per la presa di spuma

瓶内二次発酵によるスパークリングワインの製造工程において、アッサンブラージュを終えた原酒を瓶詰めする作業。ワインに糖を混ぜた**リキュール・ド・ティラージュ**、酵母などをタンク内で混ぜて瓶詰めする。糖は砂糖やブドウ糖、ショ糖が使われる。近年は酵母を封じ込めたカプセルが普及している。糖約4gで炭酸ガス1気圧を生じることから、1ℓ当たり24gを添加する（熟成中に0.5〜1気圧が失われる）。密栓は王冠を使うのが一般的。

デゴルジュマン

英 disgorging
仏 dégorgement
伊 sboccatura

➡ 滓＞P40、ドザージュ＞P51、ルミュアージュ＞P58

瓶内二次発酵によって生じた滓を除去する作業。ルミュアージュにより倒立させた瓶の瓶口に滓を集めた後に行なう。伝統的には開栓して、滓を噴きこぼした後に瓶の向きを戻した。近年は瓶口を－25℃の冷却液に浸けて滓の溜まった部分を凍結させ（**ネック・フリージング**）、瓶の向きを戻してから開栓する。中規模以上の生産者ではネック・フリージングを採用するのが一般的である。

デブルバージュ

英 must setting / must racking
仏 débourbage
伊 defecazione

白ワインの製造工程において、発酵前に固形物や不純物を沈殿させる作業。破砕、圧搾により得られた果汁を低温状態で半日から1日ほど静置し、上澄みだけを発酵槽に移す。泥（ブールブ）を取り除くということから命名された。発酵や酸化を防止するために無水亜硫酸などの酸化防止剤を添加する。また、遠心分離機を利用して固形物や不純物を取り除くこともある。

デレスタージュ

英délestage
仏délestage

➡アントシアニン＞P99

赤ワインの**浸漬**工程における応用技術のひとつで、発酵容器から果汁を別容器に移し、果皮や種子を数時間ほど空気にさらした後、果汁を発酵容器に戻す技術。果皮や種子が酸化されることで、色素やタンニンをより強く抽出できる。フランス・ローヌ地方で行なわれていたものの、近年はフランス・南西地方やイタリアなどでも導入する生産者が現れている。

糖化
[とうか]

英saccharification
仏saccharification
伊saccharificazione

➡麹＞P42

デンプンなどの多糖類を酵素や酸の働きにより少糖類や単糖類に分解すること。穀物原料から酒類を製造するときに必要となる工程。穀物に含まれるデンプンはそのままでは発酵しないので、デンプン分解酵素アミラーゼの働きにより、発酵する糖に分解する。清酒の場合、酵素を分解する麹菌を蒸し米などに植えて繁殖させる。ビールやウイスキーの場合、発芽時に麦のなかに酵素が生成されるのを利用する。

ドザージュ

英dosage
仏dosage
伊dosaggio

➡甘辛表記＞P62

デゴルジュマンで失われた量を補填する作業。その際に添加されるものを、**門出のリキュール**（リキュール・デクスペディション）と呼ぶ。添加されるリキュールにより、辛口や甘口に仕上げることができる。また、糖を混ぜていないリキュールを加えることで、極辛口に仕上げることも可能。生産者によっては長期熟成を経たリキュールを使うなど、個性を表現する重要な工程に位置づける生産者も。

トランスファー方式

英transfer method
仏méthode par transfert
伊metodo a trasferimento

➡シャルマ方式＞P45、瓶内二次発酵＞P54、メトード・リュラル＞P58

スパークリングワインの製造方法のひとつ。瓶内二次発酵により二酸化炭素の捕捉を行なった後、そのワインを耐圧タンクに移して滓を分離して、改めて瓶詰めする。瓶内二次発酵で必要な動瓶作業を省略し、一度に大量の滓抜きができるのが特徴。瓶内二次発酵と手間はあまりかわらないので、品質やスタイルは近いものが表現できるものの、瓶内二次発酵に比べてやや高級感に欠けるとされる。

二酸化炭素
[にさんかたんそ]

英carbon dioxide / carbonic gas
仏dioxyde de carbone
伊anidride carbonica

➡発酵＞P52、スパークリングワイン＞P72

発酵により糖が分解され、エチルアルコールとともに生成される物質。常温、常圧では無味無臭の気体。スパークリングワインでは密閉容器のなかで発酵が行なわれるため、溶液中に溶け込んで発泡性飲料となる。近年は酸化防止剤の使用を低減するため、スティルワインでもわずかに二酸化炭素を残して瓶詰めする生産者もいる。発酵中に多量に放出されるため、醸造所で窒息事故が起きることもある。

パート3 醸造

ハイパー・オキシデーション

英hyperoxidation
仏hyperoxydation
伊iperossidazione

白ワインの製造工程において、発酵前の果汁に多量の酸素を供給することで、将来的に酒質を低下させる恐れがある物質をあらかじめ取り除く技術。果汁中のフェノール化合物などを強制的に酸化させ、不溶化した沈殿物を除去すると、褐変などが起きなくなる。また、雑味を除くことができるほか、亜硫酸添加量を低減することもできる。以前、国内で流行った**亜硫酸無添加ワイン**もハイパー・オキシデーションを応用したもの。

麦芽
[ばくが]

英malt
仏malt
伊malto

➡糖化>P51

麦（おもに大麦）を発芽させたもので、ビールやウイスキー、水あめの原料となる。大麦の種子にはほかの穀物よりも糖化酵素アミラーゼが多く含まれている。不活性状態であったものが、発芽によって酵素が活性化することで、デンプンから麦芽糖が生成される。この麦芽を乾燥させたものは、パンなどとして食されてきたほか、ビールなどのアルコール飲料の原料として用いられてきた。

破砕
[はさい]

英crushing
仏foulage
伊pigiatura

➡全房発酵>P48、フリーランジュース>P54

ワインの製造工程において、除梗の後に果粒を潰す作業。果粒は破砕機にかけられて、ローラーでやさしく潰され、果皮が破れる。白ワインでは破砕時に流れ出た果汁（フリーランジュース）を得た後に圧搾作業に移る。一方、赤ワインでは果汁と果粒は発酵槽に投入されて発酵工程に移る。以前は除梗作業と破砕作業が連続的に行なわれてきたが、近年はその間に粒で選り分ける選果作業が加えられることもある。

パスリヤージュ

英raisining
仏passerillage
伊appassimento

収穫されたブドウを藁の筵（むしろ）の上で乾燥させること。ブドウの水分が蒸発することで、糖度や風味が強化され、しっかりとしたワインになる。フランス・南西地方やジュラ地方などの藁ワイン（**ヴァン・ド・パイユ**）、オーストリアでは**シュトローヴァイン**（同）などがある。なかでもイタリアのヴェネト州ではさかんに造られており、甘口に仕上げた**レチョート**や辛口の**アマローネ**が有名。また、隣のロンバルディア州では**スフォルツァート**と呼ばれる。

発酵
[はっこう]

英fermentation
仏fermentation
伊fermentazione

➡エチルアルコール>P39、アセトアルデヒド>P98

一般的には微生物が人間にとって有益なものをつくること。有益でないものは**腐敗**とされるが、発酵も腐敗も仕組みは同じである。化学的な定義としては、酵母が空気のない状態でエネルギーを得るために、糖類などの栄養を摂取して、エチルアルコールや二酸化炭素などに分解する活動を指す。分解過程は多段階からなり、糖類がピルビン酸に分解され（解糖系）、ピルビン酸がアセトアルデヒドを経てエチルアルコールに分解される。

発酵後浸漬
[はっこうごしんせき]

仏 macération post fermentaire
伊 macerazione dopo fermentazione
➡かもし>P40

エクステンデッド・マセレーションともいう。赤ワインの製造工程において、発酵終了後も浸漬工程を継続させる技術。通常、アルコール発酵は1～2週間で終了するため、それと同時に**エクラージュ**（液抜き）を行なう。発酵後浸漬では色素や風味をさらに抽出するために1～2カ月の浸漬を行なう。フランス・ボルドー地方の有力生産者では一般的に行なわれているのに対して、アメリカ・カリフォルニア州やオーストラリアでは過度な抽出が懸念されることから、発酵後浸漬を行なう生産者は限られている。

発酵槽
[はっこうそう]

英 vat / tank
仏 cuve
伊 tino / vasca
➡キュヴェ>P41、コンクリートタンク>P43、ステンレスタンク>P47、ロータリータンク>P59

アルコール発酵を行なうための容器。木製やコンクリート製、ステンレス製などのさまざまなタイプのものがあり、容量も数千～数万ℓの大きいものまでさまざま。有力生産者では区画ごとに合わせた容量の容器を特注することもある。温度管理や衛生管理の問題からステンレス製が普及した時期もあるが、それらを改善する改良がなされてからは木製やコンクリート製も改めて評価されている。

発酵前低温浸漬
[はっこうまえていおんしんせき]

英 prefermentation cold maceration
仏 macération préfermentaire à froid
伊 pre-fermentazione macerazione a freddo

赤ワインの濃い色調と華やかで豊かな風味を引き出す技術。発酵が進行しないように低温（5～10℃）でもろみを数日間保ち（酸化防止剤を添加することもある）、その後は圧搾を行なって果汁を分離して発酵させる。従来の発酵を並行させる浸漬とは違い、濃縮感を得つつもタンニンをほどよい程度に抑えられるのが特徴。フランス・ブルゴーニュ地方の若手を中心とした現代的スタイルのワインで普及しているほか、同・ボルドー地方のサンテミリオンなどでも導入する例がある。

バトナージュ

英 lees stirring
仏 bâtonnage
➡オクソライン・ラック>P39、シュール・リー>P45

ワインを澱と接触させて熟成させるシュール・リーの応用技術で、樽熟成中に棒（バトン）を樽に開けた穴に突き刺して、ワインと澱を撹拌する。澱に含まれるアミノ酸の溶解を強化するため、ワインの風味に厚みが増し、複雑になる。以前はフランス・ブルゴーニュ地方の高級な白ワインで利用されていたが、近年は各産地で導入が始まっている。

ピジャージュ

英 punching the cap, plunging the cap
仏 pigéage
伊 follatura
➡ルモンタージュ>P59

赤ワインの発酵、浸漬工程において、もろみを撹拌する作業。果皮や種子からなる果帽は比重が軽く、しばらくすると液面に浮き上がり、そのままにしておくと色素や風味の抽出がはかどらない。そのため、人が発酵槽の縁につかまって足で撹拌する、もしくは櫂棒で撹拌するなどの方法があるが、雑菌汚染や窒息による事故が頻発することから、大手生産者では機械化されることもある。強めの抽出が可能で、ピノ・ノワールのような色素含有量の少ない品種に向く。

パート3　醸造

瓶
[びん]

英 bottle
仏 bouteille
伊 bottiglia

➡ コルク>P42

ガラスやセラミックスからなる容器。19世紀後半からの産業革命でガラス工業が発展し、ワインの容器としても普及した。小分け、かつ遠隔への流通が可能となったほか、腐食しにくく、気密性が高いことからワインの長期保存が可能となった。いかり肩のボルドー瓶やなで肩のブルゴーニュ瓶、細い**フルート瓶**などさまざまな形状がある。濃緑色などの瓶を用いるのは、内容物を太陽光から守るため。容量も一般的な**ブテイユ**（750mℓ）のほか、**マグナム**（1500mℓ）などさまざま。

瓶内二次発酵
[びんないにじはっこう]

英 bottle fermentation
仏 méthode traditionnelle
伊 fermentazione in bottiglia

➡ シャルマ方式>P45、トランスファー方式>P51、メトード・リュラル>P58

伝統的方式ともいう。スパークリングワインの製造方法のひとつで、フランス・シャンパーニュ地方をはじめとする高級品で一般的に用いられている。無発泡の原酒を瓶詰めする際に糖分と酵母を添加して、瓶内で発酵させて二酸化炭素の捕捉を行なう。つまり、原酒を造る発酵と泡を蓄える発酵と2回行なう。以前はシャンパーニュ方式とも呼ばれていたが、現在は原産地保護の目的からその名称は使われていない。

フリーランジュース

英 free-run juice
仏 jus de goutte
伊 mosto vergine

➡ 圧搾>P38、プレスジュース>P55

白ワインの製造において、破砕時に果粒から自然に流れ出た果汁のこと。また、赤ワインの製造においては、発酵、浸漬後に発酵槽から抜き取ったワインは**フリーランワイン**と呼ぶ。いずれにしても果皮や種子などには、まだ多くの果汁もしくはワインが含まれているので、この後に圧搾作業を行ない、さらに果汁やワインを得る。フリーランの果汁は繊細な風味を特徴とするので、エレガントなスタイルを表現する場合に高比率で使用する。

ブリックス

英 brix
仏 échelle de brix

➡ エクスレ度>P38、KMW>P41

溶液中の固形物濃度を表わす測定値（表記は°Brix）。ブドウをはじめとする果実の**ショ糖**濃度（糖度）を表わす際に用いられる。固形物の含有量により光の屈折率が変化することから、その屈折率を20℃のショ糖溶液に換算する。ショ糖以外の成分も屈折作用をもつため、純粋な糖度ではないものの、果汁中の可溶固形成分はショ糖の割合が高いことから、糖度も目安とされている。オーストリアの化学者アドルフ・ブリックスが1897年に考案したことから命名された。

古樽
[ふるだる]

英 aged cask
仏 vieille barrique
伊 botte usata, botte di secondo / terzo passaggio

➡ 大樽>P39、小樽>P42、新樽>P46

樽の容量に関わらず、複数回以上の使用を行なった樽。ワインは数年間、樽に入れられることもあるので、使用年ではなく、その使用回数に応じて「一落ち樽」「二落ち樽」、また「一空き樽」「二空き樽」と呼ばれる。古樽での熟成では、ワインは還元的状態に保たれるため、赤ワインの場合はポリフェノールの重合が促進され、色合いが橙色になり、風味もドライフルーツやドライフラワー、スパイスを思わせる熟成感が強くなる。イタリアやスペインの古典的スタイルがその典型。

プレスジュース

英 press juice
仏 jus de presse
伊 mosto torchiato

➡ 圧搾＞P38、フリーランジュース＞P54

破砕時にフリーランジュースが流れ出た後、果粒を圧搾機で搾って得る果汁。赤ワインの製造においては、発酵、浸漬後に発酵槽からワインを抜き取り、発酵槽内に残った果帽を搾って得る。プレスジュース（ワイン）は濃厚ではあるものの、渋みや苦みが強い。ワインに力強さを表現したいとき、フリーランの果汁に混ぜ、エレガントさを表現したいときは混ぜないか、低比率に抑える。

フレンチオーク

英 french oak
仏 chêne français
伊 quercia francese

➡ アメリカンオーク＞P38、オーク＞P39

フランスで産出されるオーク材のこと。ワインの樽熟成に使われる樽材として人気が高い。ヨーロッパナラとフユナラという系統がある。前者の代表的産地にはフランス・中央部のリムーザンがあり、キメが粗くて渋みが強いので、フランスのブランデー、コニャックなどに使われる。後者には同・東部のヌヴェールや北東部のヴォージュ、中央部のアリエやトロンセがある。キメが細かく、芳香成分と渋みがバランスよく、ワインの熟成に向く。

並行複発酵
[へいこうふくはっこう]

英 multiple parallel fermentation
仏 fermentation parallèles multiples
伊 fermentazione multipla parallela

➡ 麹＞P42、仕込み水＞P44

清酒の製造工程において、糖化作業とアルコール発酵を同時に行なうこと。清酒造りでは麹のデンプン分解酵素によって蒸米のデンプンを糖に分解し、酵母によってアルコール発酵を行なう。この2段階の工程をもろみのなかで同時に並行して行なうことから命名された。酵母の活性を損なわないために、蒸米、麹、仕込み水を何回かに分けて投入する**段掛法（段仕込み）**を行なう。3回に分けて仕込む三段掛けが一般的。

pH

英 pH
仏 pH
伊 pH

➡ 補酸＞P56

水素イオン指数（potential hydrogen）のこと。物質（おもに水溶液）の酸性の度合いを表す物理量。pH7を中性として、数値が小さくなると酸性、大きくなるとアルカリ性となる。無機酸（鉱酸）が水中で容易に水素イオンを解離して強酸性を示すのに対して、有機酸では水素イオンがほとんど解離しないため弱酸性を示す。果汁のpHが低いと、①色合いが鮮やかになる、②雑菌が繁殖しづらい（腐敗しにくい）、③酸化が起きにくくなるなどの利点がある。ワインでは通常pH3〜4におさまる。

ホール・ベリー・ファーメンテーション

英 whole berry fermentation
仏 fermentation en grappe entière
伊 fermentazione del grappolo intero

➡ 全房圧搾＞P48、全房発酵＞P48、破砕＞P52

赤ワインの製造工程において、除梗後に破砕をしない果粒のままで発酵を行なう技術。破砕をせずに発酵を行なうと豊かでやわらかな果実味をもったフルーティなワインになる。すべての仕込みで実施することもあれば、一部を混ぜるというかたちでも行なわれる。1990年代半ばフランス・ボルドー地方、サンテミリオン地区のモダンなスタイルのワインで用いられたのが話題になり、現在はスペインやアメリカなど世界各地でも導入されている。

補酸
[ほさん]

英 acidification
仏 acidification
伊 acidificazione

→ pH>P55、有機酸>P113、酒石酸>P105

温暖な気候により収穫時のブドウに有機酸が不足する際、酒石酸を添加することで、酒質の安定化や風味の改善を図ること。酒石酸のほか、リンゴ酸やクエン酸が用いられることもある。また、有機酸を豊富に含む未熟果を加えて補う、あるいは亜硫酸を多めに添加して有機酸の抽出を高めることもある。EUでは添加量については酒石酸で$1g/\ell$（硫酸換算）以内と規制されている上、除酸または補糖を同時に行なうことは禁止されている。

保存料
[ほぞんりょう]

英 preservative
仏 conservateur
伊 conservante

瓶詰めされたワインの腐敗を防ぎ、残糖の再発酵を抑えるための添加物で、おもに**ソルビン酸カリウム**が使用される。食品添加物としては一般的で、日本ではワイン1kgにつき0.20g以下での使用が認められている。練り物製品に使われる添加物の亜硝酸塩と一緒に摂取すると、発ガン性物質に変わるという指摘がなされており、輸入取扱いを控える動きもある。

補糖
[ほとう]

英 chaptalization, sugaring
仏 chaptalisation
伊 zuccheraggio

→ 補酸>P56

天候に恵まれず、ブドウの糖度が十分に上がらなかったとき、発酵前あるいは発酵時に糖分を添加することで、アルコールのかさ上げを行なうこと。補糖では**ショ糖**（砂糖）、ブドウ糖、果糖が使用されている。補糖の代わりにドイツやイタリアでは濃縮果汁の添加が行なわれている。フランスでは添加量は$30g/\ell$以下（アルコール1.7%相当）で認められている。19世紀フランスの化学者ジャン＝アントワーヌ・シャプタルが考案したことから**シャプタリザシオン**ともいう。

マセラシオン・ア・ショー

英 hot-skin contact maceration
仏 macération à chaud
伊 macerazione a caldo

赤ワインの製造工程において、もろみを80℃前後まで加熱する技術。量産されたブドウからでも、加熱により色素やタンニンを強く抽出することができる。抽出後、温度を下げてから圧搾し、果汁だけを発酵させる。1980年代に普及したものの、現在も用いている生産者は限られている。南フランスの日常消費向けの早飲みワインなどで使われている。

マセラシオン・カルボニック

英 carbon maceration
仏 macération carbonique
伊 macerazione carbonica

→ ホール・ベリー・ファーメンテーション>P55

ホール・ベリー・ファーメンテーションの代表的なものがフランス・ブルゴーニュ地方のボージョレ地域で用いられているマセラシオン・カルボニック。鮮やかな色合いや豊かな果実味が得られるのに対して、渋みの抽出を抑制できる。除梗、破砕を行なわずにブドウを密閉タンクに投入し、容器内を二酸化炭素で充満させる。あるいはタンク内に発酵中のもろみを一部投入して、二酸化炭素を満たすこともある。近年はボージョレ以外の地域でも用いられ始めている。

マロラクティック発酵

英 malolactic fermentation
仏 fermentation malolactique
伊 fermentazione malolattica

➡乳酸＞P108

ブドウに由来するリンゴ酸を乳酸と二酸化炭素に分解する作業。ほぼすべての赤ワインと一部の白ワインで行なわれている。厳密には発酵はしていないものの、慣習的に発酵と呼ばれる。また乳酸発酵、後発酵と呼ばれることもある。その効果として、①酸味をやわらげ、まろやかになる、②酒質に複雑性を増して豊潤になる、③瓶詰め後に乳酸菌が繁殖するなどの恐れがなくなる（微生物学的安定）が挙げられる。

ミクロオキシジェナシオン

英 micro-oxination
仏 micro-oxygénation
伊 micro-ossigenazione

発酵中もしくは熟成中の赤ワインにセラミック製筒を通して酸素の微泡を吹き込む技術。ポリフェノールの酸化を促進して、適度な重合をもたらすことで、濃厚な色調や風味に対して、キメ細かい質感が得られる。フランス・南西地方のマディランで導入されたのが始まり。発酵中や貯蔵中に行なうものを**ミクロビラージュ**、樽熟成中に行なうものを**クリカージュ**と呼ぶ。新樽熟成の際に微量な酸素が供給されることで、色調や風味の濃縮化が起きることを再現した技術ともいえる。

ミュタージュ

英 chemical sterilization of must
仏 mutage
伊 mutizzazione

➡シェリー＞P69、マデイラ＞P76

酒精強化ワインの製造工程において、ブドウから造った蒸留酒（グレープ・スピリッツ）を添加して発酵を停止させる作業。発酵中に発生していた泡立ちがやむことから、「沈黙（mutage）」と命名された。ポルトガルのポルトでは発酵、かもしを2～3日行なった後、アルコール度数77%のグレープ・スピリッツを添加する。添加時期や添加量は最終商品の残糖やアルコール度を計算して決める。添加時期が早ければより甘口に、遅ければより辛口に仕上がる。

無清澄
[むせいちょう]

英 no fining
仏 vin non collé
伊 non-chiarificazione

➡清澄＞P47、無濾過＞P57

ワインの貯蔵、熟成中に浮遊固形物を除去する清澄作業は、ワインの透明度や安定度を高める反面、過度に行なうと風味の減退が起きる。それを嫌って清澄剤を使わずに、**自然沈降**による固形物の除去を行なうものを無清澄、もしくは自然沈降と呼ぶ。ビオディナミなどの自然派生産者では無清澄、無濾過を掲げるものが多い。

無濾過
[むろか]

英 no filtering
仏 non filtré
伊 non-filtrazione

➡無清澄＞P57、濾過＞P59

瓶詰め前に行なわれる濾過作業はワインの透明度や安定度を高めるものの、風味の減退も否めない。それを嫌って、濾過をせずに瓶詰めすること。「**ノン・フィルトレ**」「**アンフィルタード**」などの表記を用いる。国内では「**にごり酒**」などの表記が用いられることもある。

メトード・リュラル

- 英 rural method
- 仏 méthode rurale
- 伊 metodo rurale

➡ シャルマ方式＞P45、トランスファー方式＞P51、瓶内二次発酵＞P54

田舎方式、**メトード・アンセストラル**ともいい、スパークリングワインの製造方法のひとつ。発酵途中の果汁を瓶詰めすることで、そのまま瓶内で発酵を継続させ、アルコールを得るとともに二酸化炭素の捕捉を行なう。果汁に含まれる糖分量の計測が難しかったことから、発泡性の定量化や安定化ができず、主流とならなかった。現在はフランスのラングドック地方やローヌ河流域地方の一部でわずかに用いられる程度にとどまる。

もろみ

➡ かもし＞P40

漢字では醪とも諸味とも書く。発酵飲料や食品の製造工程において、発酵中の原料が固体・液体のないまぜの状態になっているもの。赤ワインでは果汁に果皮や種子が浸漬したもの。発酵、浸漬が終了した後、ワインは分離されて熟成に移る。残りの搾り粕はマールと呼ばれ、蒸留酒の原料として利用される。清酒では仕込み水に蒸米や麹が溶かされたものをもろみと呼び、清酒の搾り粕は酒粕となる。

リザーヴワイン

- 英 reserve wine
- 仏 vin de reserve
- 伊 vino riservato

➡ ソレラ・システム＞P48

ノン・ヴィンテージのシャンパーニュの製造において、風味に深みをもたらすために**ブレンド**される原酒で、良作年に造られたワインを数年間熟成させたもの。ブレンドは生産者の個性を最も表現するため、リザーヴワインの製造も熟成期間だけでなく、大樽やステンレスタンクといった熟成容器の選択など、さまざまな工夫が施されている。大手製造会社の場合、一般的に2〜3年を熟成させたものを1〜2割ブレンド。品質志向が強い場合、クリュッグ社のように年間出荷量の5倍の備蓄を行なっているところもある。

リパッソ

- 伊 ripasso

➡ パスリヤージュ＞P52

レチョートや**アマローネ**とともに、イタリア・ヴェネト州のヴァルポリチェッラ地域に古くから伝わる製造技術。「元に戻す」が語源で、アマローネの搾り粕に普通に造られたワインを注ぎ、2〜3週間の浸漬を行なうことで陰干しされたブドウがもつ強い風味をワインに付与する。いったん廃れてしまったものの、1960年代にマジ社がアマローネとともに復元した。

ルミュアージュ

- 英 riddling
- 仏 remuage
- 伊 ruotare

➡ 滓＞P40、ジャイロパレット＞P45

瓶内二次発酵後、瓶内にある酵母などの滓を瓶口に集める作業。昔ながらには瓶を挿す穴をうがった専用台ピュピトルを使い、瓶を揺らしながら1/8回転させ、徐々に瓶を傾かせて倒立に近い状態にする。近年は小規模生産者、あるいは特別な商品を除くと、ほとんどの生産者がジャイロパレットという自動回転機を使っている。カプセルに詰められた酵母や清澄剤の普及もあって、短期間で大量に処理することができる。

ルモンタージュ

英 pumping over
仏 remontage
伊 rimontaggio

➡ ピジャージュ>P53

ポンピングオーバーともいう。赤ワインの発酵、浸漬工程において、果汁を循環させて、もろみの撹拌を行なう作業。発酵槽下部から抜き取った果汁をポンプで汲み上げ、液面に浮き上がった果帽の上から降り注ぐ。機械化により作業性が高く、中規模以上の生産者で導入が進んでいる。汲み上げる際の果汁へのストレスが大きい上、空気との接触頻度が増すため、カベルネ・ソーヴィニヨンやメルロなどには向くものの、ピノ・ノワールなどの繊細なものには向かないとされる。

連続式蒸留器
[れんぞくしきじょうりゅうき]

英 continuous still
仏 alambic à colonne
伊 alambicco continuo

➡ 単式蒸留器>P50

蒸留の度にアルコール含有物を釜のなかに入れ替えることなく、連続的に加熱する蒸留器。その効率のよさから低価格の蒸留酒の製造において用いられるほか、化学工業などのさまざまな分野で用いられている。アルコール精製度が高いものの、原料の風味を抽出液にあまり残さないので、連続式蒸留焼酎（旧名：甲類焼酎）のようなニュートラルな風味をもつ蒸留酒となる。

ロータリータンク

英 rotary tank
仏 cuve rotative

➡ かもし>P40、ピジャージュ>P53、ルモンタージュ>P59

容器内に回転翼が備えられた発酵容器。回転翼によりもろみが撹拌され、効率的に色素やタンニンの抽出が行なえる。工業的な量産工場において用いられることが一般的であったが、近年は徐々に減ってきている。一方イタリアでは、新しいスタイルをめざすバローロの生産者に導入例が増えた時期があり、渋みの抽出を抑えるため種子を取り除く機能を備えたタイプが開発されたりしている。

濾過
[ろか]

英 filtering / filtration
仏 filtrage
伊 iltrazione

➡ 無濾過>P57

瓶詰め前にワインに含まれている固形物、酵母などの微生物を除去する作業。ワインの透明度とともに、品質の安定性を高める。ワインを細かい穴がたくさん開いたフィルターに通して、穴よりも大きな固体を分離する。目詰まりを防ぐために、粗めの濾過から始まり、無菌濾過まで多段階で行なわれるのが一般的。濾材には珪藻土、濾紙、樹脂膜などが用いられる。濾過は程度が過ぎると、風味を損ねてしまうので、強く行なうことを嫌う声もある。

Column
知っておきたい
豆知識

国際品種で知る
ワインの世界

世界各地で栽培されている品種を一般的に「国際品種」と呼ぶ。白ブドウではシャルドネやソーヴィニヨン・ブラン、リースリング、黒ブドウではカベルネ・ソーヴィニヨンやピノ・ノワール、シラー、メルロなどを指す。もともとはフランスの銘酒に用いられてきた品種で、アメリカなど新世界諸国が20世紀半ばから積極的に栽培してきたことで、生産量を増やした。オーストラリアの年間生産量の71%やアメリカの62%というように、いまや国際品種が生産量の大半を占める国が多いとの報告もある※。

白ブドウの王様とされるシャルドネはブルゴーニュを原産だが、寒冷地から温暖地まで環境への適合力がある上、樹勢が強く、多収量を期待できるため、世界のさまざまな地域で栽培されている。品種個性がニュートラルであるものの、新樽熟成を伴う香ばしい風味が好まれている。一方、ソーヴィニヨン・ブランは寒冷地で栽培されることが多く、青臭い風味が出やすい。近年はより成熟度を上げ、新樽熟成を経たものも登場している。また、リースリングはドイツの中辛口や甘口のほか、アルザスや新世界の辛口が注目されている。

黒ブドウの王様とされるのはカベルネ・ソーヴィニヨン。さまざまな土地への適合力があるため、原産のボルドーのほかにもカリフォルニアやオーストラリアなど各地で成功している。タンニンが豊かでしっかりとしたワインになる。ボルドーではやわらかなメルロとブレンドされてバランスを取るのが一般的。一方、ピノ・ノワールは栽培の難しさから、久しくブルゴーニュ以外の産地での成功例が見られなかったものの、近年はオレゴンやニュージーランドなど冷涼地の開発が進み、少しずつ成功例が増えている。シラーは南仏の力強く野生的な雰囲気に対して、オーストラリア（シラーズと呼ぶ）では果実味にあふれたワインに仕上げ、独特の世界観を示している。

※イタリアのインターネット・サイト『I Numeri del Vino』による報告。ただし、国際品種をシャルドネ、ソーヴィニヨン・ブラン、カベルネ・ソーヴィニヨン、ピノ・ノワール、シラー、メルロとしている。

ワインの分類

Category of Wine

パート4　ワインの分類

アイスワイン

英 ice wine
仏 vin de glace
伊 vino di ghiaccio
独 Eiswein

➡ クリオ・エクストラクション>P41

氷結したブドウから造られた甘口ワイン。果汁に含まれる水分が凍結し、氷晶の成長とともに糖類や有機酸などの成分が未凍結の部分で濃縮される。そのブドウを圧搾することで、濃縮された果汁が得られ、高糖度の甘口ワインとなる。有名なものにドイツのアイスワインがあるほか、カナダやオーストリアなどでも生産されている。これらの生産国では収穫時の外気温が-7℃を下回ることが規定されている。人工的に再現したものにクリオ・エクストラクションがある。

アウスレーゼ

独 auslese

➡ プレディカーツヴァイン>P75

ドイツやオーストリアにおける最上位の階級プレディカーツヴァインに含まれる称号。「選り分ける」が語源。樹上で完熟したブドウのみを原料とするため（一部に貴腐ブドウが含まれることもある）、房選りとも呼ばれる。作柄に恵まれた1811年、エーベルバッハ修道院が「Steinberger Auslese Cabinet」として出荷したのが起源。一般的に甘口に仕上げられているが、辛口に仕上げられることもあり、以前はその際に「auslese trocken」と掲げた。

赤ワイン
[あかわいん]

英 red wine
仏 vin rouge
伊 vino rosso

➡ 白ワイン>P71、ロゼワイン>P78、アントシアニン>P99

黒ブドウの果皮に由来する色素アントシアニン類を含み、赤色あるいは紫色や黒色を呈するワイン。黒ブドウを原料とし、製造過程で果皮や種子の浸漬を行なうのが特徴。この浸漬工程において果皮から色素、種子から渋み（タンニン）を抽出する。辛口が一般的で、例外的にポルトガルの酒精強化酒ポルトのような甘口も造られている。重厚なものは長期の樽熟成や瓶熟成を経てから愉しまれる。

甘辛表記
[あまからひょうき]

英 indication of taste
仏 échelle de sucrosité
伊 indicazione di sapore

酒類に含まれる糖分の度合い。シャンパーニュをはじめとするスパークリングワインでは、出荷前の補酒（ドザージュ）時に添加されるリキュールの糖度により、商品が辛口や甘口に仕上がる。消費者にそのタイプ案内するためにラベルに記載される。シャンパーニュで用いられている表記としては辛口（ブリュット）や中辛口（セック）、甘口（ドゥー）などがある。また、スティルワインではフランス・ロワール地方のヴーヴレの中甘口（モワルー）など、独自の表記をもつものもある。

甘口ワイン
[あまくちわいん]

英 sweet wine
仏 vin doux
伊 vino dolce

➡ アイスワイン>P62、遅摘みワイン>P66、陰干しワイン>P66、貴腐ワイン>P67、酒精強化ワイン>P70

豊富な糖分を含むワインで、代表的なものに貴腐ワインやアイスワインがある。一般的に食後に愉しまれるため、**デザートワイン**とも呼ばれる。貴腐化などの作用により果汁の糖度が高くなり、発酵しきれずに残糖として含まれるものが一般的。また、発酵初期に酒精強化を行なって発酵を止め、果汁中の糖分を残して造るものもある。酒精強化酒のように14度を超える高アルコール度のものもあれば、ドイツの甘口のように8〜10度と低アルコール度のものもある。

Part 4 Category of wine

アモンティリャード

西amontillado

➡シェリー>P69、酒精強化ワイン>P70、フィノ>P74

世界三大酒精強化ワインのひとつとして讃えられるシェリーのひとつのタイプで、極辛口のフィノを長期熟成させたもの。長期熟成により琥珀色になり、キャラメルを思わせる風味のなかに、産膜酵母によるアーモンドを思わせる風味が溶け合う。おもに食前酒として愉しまれるフィノに対して、食後酒や食中酒として幅広く利用されるほか、アモンティリャード単体としても愉しまれる。

アルマニャック

仏armagnac

➡コニャック>P68、ブランデー>P74

高級ブランデーのひとつで、コニャックと並び称せられる。フランス・南西部のガスコーニュ地方で生産されている。コニャックとは違い、もともとは連続式蒸留を行なっていたが、1972年からは単式2回の蒸留も認められた。販売時はアルコール度を最低40度とするなど、厳しい規制が行なわれている。コニャックの優雅な雰囲気が世界市場で親しまれているのに対して、アルマニャックはより力強く個性的で地酒色が強い。

アンオークド

英unoaked wine
仏vin non boisé
伊vino senza invecchiamento in botti di legno di quercia

➡樽熟成>P49

樽熟成を行なわないこと、あるいは樽熟成を行なっていないワイン。アメリカ・カリフォルニア州やオーストラリアのシャルドネで用いられる表現。新興国では広くシャルドネを樽熟成させるのが一般的ではあるが、もっと軽やかで飲みやすいワインを求める声が出てきたことから、樽熟成を行なわないシャルドネという新しい動きが見られるようになった。

ヴァラエタル ブレンドワイン

英varietal blended wine
仏vin variétal mélangé

➡ヴァラエタルワイン>P63、ジェネリックワイン>P69、プロプライアタリーワイン>P75

複数品種をラベルに掲げたワイン。アメリカのプロプライアタリーワインが内包する矛盾を解消するため、オーストラリアでは優良品種をブレンドしたワインの分類が新たに設けられた。割合の高い品種から順に（左から）表示し、さまざまな規定によるが最大5品種まで表示が可能となっている。原産地を同じくする品種のブレンドばかりでなく、たとえばオーストラリアでは、シャルドネとセミヨンというような自由な発想でブレンドが行なわれている。

ヴァラエタル ワイン

英varietal wine
仏vin variétal
伊vino di varietà

➡ジェネリックワイン>P69

品種名をラベルに掲げたワイン。掲げた品種が規定以上に含まれている場合に名乗ることができる。もともとはアメリカにおけるワインの法的な分類のひとつで、品種の個性を打ち出した高級酒として日常消費酒と分けられた。さまざまなワインの個性を品種に単純化したわかりやすさから、現在は新興国に広く普及している。また、フランスでもヴァン・ド・ペイという日常消費酒において普及しており、A.O.C.ワインの一部でも導入しようという動きもある。

パート4　ワインの分類

ヴァン・ドゥー・ナチュレル

英 natural sweet wine
仏 vin doux naturel
伊 vino dolce naturale

➡ミュタージュ>P57、ヴァン・ド・リキュール>P64、酒精強化ワイン>P70

天然甘口ワインのこと。酒精強化酒のうち、フランスで造られたもの。発酵途中のブドウ果汁にグレープ・スピリッツ（蒸留酒）を加えて発酵を止め、果汁に含まれていた糖分が残って甘口となる。「（果汁に由来する）天然の甘いワイン」というのが語源。フランスでは南部を中心に造られており、有名なものにルーシヨン地方のバニュルスやローヌ河流域地方のミュスカ・ド・ボーム・ド・ヴニーズがある。日本の酒税法上は甘味果実酒に分類される。

ヴァン・ド・ターブル

英 table wine
仏 vin de table
伊 vino da tavola

日常消費酒、あるいはフランスの旧原産地制度における最低位の分類。国内産ブドウ、もしくはEU産ブドウを原料とする。EU圏外の原料を使用することは禁止されている。国内産ブドウから造ったものはVins de Table de France/Vins de Table de Françaisと表記する。EU圏の他国のブドウを混ぜたものはMélange de Vins de Différents Pays de la Communauté Européenneと表記する。また、収穫年の表記は禁止されている。フランスでは国内総生産に対する比率は28％を占める。

ヴァン・ド・ペイ

英 country wine
仏 vin de pays
伊 IGT (Indicazione Geografica Tipica)、vino locale

➡ヴァン・ド・ターブル>P64、A.O.C.>P66

フランスの旧原産地制度における分類のひとつ。上級のテーブルワインで、地域名を掲げた地酒。国内総生産に対する比率は25％を占め、ラングドック・ルーシヨン地方を中心とする南フランスがヴァン・ド・ペイの70％以上を産出している。新原産地制度ではI.G.P.に移行する。とくに**ヴァン・ド・セパージュ**（品種名ワイン）の生産が増えてきており、現在は3分の1ほどを占める。

ヴァン・ド・リキュール

英 fortified wine
仏 vin de liqueur
伊 vino liquoroso

➡ヴァン・ドゥー・ナチュレル>P64、酒精強化ワイン>P70

ブドウ果汁にグレープ・スピリッツ（蒸留酒）を混ぜて造ったアルコール飲料。発酵を行なっていないので、果汁に含まれていた糖分がそのまま残り、極甘口となる。日本の酒税法上は果実酒や甘味果実酒ではなく、リキュール類に分類される。発酵途中にグレープ・スピリッツを添加したものは酒精強化酒となる。有名なものにフランス・コニャック地方のピノー・デ・シャラントやシャンパーニュ地方のラタフィア・ド・シャンパーニュなどがある。**ヴァン・ド・リケル**ともいう。

ウイスキー

英 whisky
仏 whisky
伊 whisky

➡蒸留>P46、蒸留酒>P71

蒸留酒のひとつで、大麦やライ麦、トウモロコシなどの穀物を麦芽の酵素で糖化し、発酵、蒸留したもの。単式蒸留器で複数回の蒸留を行ない、アルコール度数60～70％の蒸留液（ニューポット）を得る。蒸留液は木樽に詰められ、数年間以上の熟成を経ることで豊かな風味と色合いになる。ゲール語の「**生命（いのち）の水**（ウィシュケ・ヴェアハ）」が語源。起源はわからないものの、15世紀頃にはアイルランドで修道士たちにより製造が行なわれていた。

ヴィンテージ

英vintage
仏millésime
伊vendemmia

ブドウの**収穫年**を表わす言葉、それから転じて当たり年や年代物を指すこともある。もともとは収穫から仕込み、瓶詰めまでのワイン造りを表わしていた。語源はフランス語で収穫を表わす「ヴァンダンジュ」。その年の作柄を表としてまとめたものをヴィンテージチャートと呼び、100点式や20点式、5点式などさまざまなものが考案されている。フランス語では**ミレジム**。

ヴィンテージ・シャンパーニュ

英vintage champagne
仏champagne millésimé
伊champagne vendemmia

収穫年を記載しているシャンパーニュ。通常、複数年をブレンドするため、シャンパーニュは収穫年の記載がない。これを**ノン・ヴィンテージ**あるいは**ノン・ミレジメ**、**サン・ザネ**と呼ぶ。それに対して、良作年や記念年などにその年に収穫されたブドウだけで仕上げたものには収穫年を記載することができる。ただし、シャンパーニュではその年の生産量の80%を超えてヴィンテージ商品を造ることは禁止されている。

ヴィンテージ・ポルト

英vintage port
仏porto millésimé
伊porto vendemmia

➡トゥニー・ポルト＞P73、ホワイト・ポルト＞P75

収穫年を記載しているポルトワイン。その年の作柄がとくに優れたブドウから造られる。驚くほどの長期熟成を経てから愉しむため、収穫からやや早め（2年目の7月〜3年目の6月）に濾過せず、瓶詰めしなくてはならない。飲む際には澱を除くためにデキャンタージュが必要となる。樽熟成をやや長めに行なってから瓶詰めする**レイト・ボトルド・ヴィンテージ・ポルト**は比較的早めに愉しめる。

ウォッカ

英vodka
仏vodka
伊vodka

トウモロコシや大麦などの穀類、ジャガイモなどのイモ類を原料とする蒸留酒。工業的には活性炭などでの濾過が行なわれることもあるが、もともとは白樺炭で濾過が行なわれることで、軽やかな芳香が生まれる。無色透明で、スピリッツのなかで最もクリーンでニュートラルな風味をもつ。また、ロシアやバルト海沿岸諸国ではズブロッカ草などで香味づけを行なったフレーバードウォッカが地酒として造られてきた。

エアステ・ラーゲ

独erste lage
➡ドイツ高級ワイン生産者連盟＞P72

ドイツ高級ワイン生産者連盟（V.D.P.）によって選定された最高級の畑。以前、モーゼル地域の高級甘口ワインが本名称で販売されたが、現在は使用されていない。ラインガウ地域のエアステ・ラーゲで生産された辛口ワインは**エアステス・ゲヴェックス**を名乗る。また、ラインガウ地域以外のエアステ・ラーゲで生産された辛口ワインは**グローセス・ゲヴェックス**を名乗る。

パート4　ワインの分類

A.O.C.
仏 appellation d'origine contrôlée
➡A.O.P.＞P66

フランスの旧原産地制度における最上位の分類。新原産地制度（施行2009年）におけるA.O.P.（Appellation d'Origine Protégée）に相当する。国内で400件強が認定を受けており、国内総生産に対する比率は46％を占める。産地詐称事件の多発により失墜した信頼を回復するため1935年に設立。ヨーロッパにおける原産地制度のモデルとなり、各国でも導入された。原産地ごとに地域や品種などの生産条件を規制することで、銘柄ごとの品質確保を図った。

A.O.P.
仏 appellation d'origine protégée
➡A.O.C.＞P66

2009年に施行されたフランスの新原産地制度における最上位の分類。新制度ではワインを地理的表示のない日常酒と地理的表示のある上級酒に分けている。さらに地理的表示を地域レベルのものからなるI.G.P.（Indication Géographique Protégée）、固有の特徴をもつテロワールからなるA.O.P.に分けている。I.G.P.は旧制度のヴァン・ド・ペイ、A.O.P.は同じくA.O.C.がおもに移行したものとなっている。

オー・ド・ヴィ・レグルマンテ
仏 eau de vie réglementée
➡蒸留酒＞P71

フランスの法的管理を受けた蒸留酒。リンゴを主原料とする**オー・ド・ヴィ・ド・シードル**、ブドウの搾りかすを蒸留した**オー・ド・ヴィ・ド・マール**、ワインを蒸留した**オー・ド・ヴィ・ド・ヴァン**が認定を受けている。オー・ド・ヴィのなかでも有名で評価が高いコニャック、アルマニャック、カルヴァドスはA.O.C.を先行して認められているので、オー・ド・ヴィ・ド・レグルマンテには認められていない。

遅摘みワイン
［おそづみわいん］
英 late harvest wine
仏 vendange tardive
伊 raccolta tardiva
➡遅摘み＞P9、貴腐ワイン＞P67

完熟ブドウを収穫せず、そのまま樹上で果粒中の水分が蒸発するのを待ち、干しブドウ化したものから造った甘口ワイン。ボトリティス・シネレア菌による貴腐化がない場合でも、高糖度の果汁が得られるので甘口に仕上がる。貴腐化していないので、いわゆる貴腐香はない。フランス・アルザス地方の**ヴァンダンジュ・タルティヴ**が有名であるほか、南西地方のベルジュラック、ドイツのアウスレーゼなど各地で造られている。

陰干しワイン
［かげぼしわいん］
英 raisin wine
仏 vin de paille
伊 passito

収穫した果房を乾燥し、糖度を高めてから造ったワイン。昔は藁の筵（むしろ）の上に置いて陰干ししたことから、**藁ワイン**（**ヴァン・ド・パイユ**）とも呼ばれた。産地としてはフランスのジュラ地方やイタリアのヴェネト州などが有名。ヴェネトでは甘口に仕上げたものを**レチョート**、辛口に仕上げたものを**アマローネ**と呼ぶ。そのほか、イタリアではトスカーナ州のヴィンサントやロンバルディア州の**スフォルツァート**などがある。

カバ

西cava
➡瓶内二次発酵＞P54

スペインで製造された瓶内二次発酵によるスパークリングワイン。国内の複数地区で生産が認められているものの、カタルーニャ州が国内生産量の9割を占める。なかでもバルセロナの西にあるサン・ドゥルニ・ダ・ノヤが8割を手掛ける。大規模化および寡占化が進み、量的、質的な安定供給が行なわれているため、高品質なわりに手頃な販売価格として日常消費向け、料飲店向けワインとして人気となっている。

カビネット

独kabinett
➡プレディカーツヴァイン＞P75

ドイツにおける最上位の階級プレディカーツヴァインのなかでは最も低位にある称号。一方、オーストリアではプレディカーツヴァインの次にある階級クヴァリテーツヴァインに含まれる称号。「密室」あるいは「小部屋」を語源とする。19世紀ヘッセン公爵ナッサウがエーベルバッハ修道院を接収し、その密室に隠されていたワインが美味しかったことから命名され、それが転じて高級酒の称号となった。

カルヴァドス

英calvados
仏calvados
伊calvados

➡蒸留＞P46、シードル＞P69、蒸留酒＞P71

リンゴを主原料とする蒸留酒で、フランスのノルマンディー地方で造られているもの。原料として48種のリンゴと数種のナシが認められている。製造にあたっては、単式蒸留器で2回の蒸留を行なうことが義務づけられている。隣接するブルターニュ地方などでもリンゴを主原料とする蒸留酒が造られているが、カルヴァドスを名乗ることは許可されておらず、**オー・ド・ヴィ・ド・シードル**と呼ぶ。

貴腐ワイン
[きふわいん]

英nolbe-rotted wine
仏vin liquoreux
伊vino botritizzato

➡貴腐＞P10、灰色カビ病＞P16

ボトリティス・シネレア菌がある種の白ブドウの果皮に感染し、干しブドウ化して糖度が高くなったものから造った甘口ワイン。17世紀半ばオスマン帝国の侵略で収穫が遅れ、ハンガリーで偶然に造られたのが始まりといわれる。**世界三大貴腐ワイン**としてフランス・ボルドー地方のソーテルヌ、ドイツのトロッケンベーレンアウスレーゼ、ハンガリーのトカイ・ナトゥール・エッセンシアが讃えられている。

黄ワイン
[きわいん]

英yellow wine
仏vin jaune
伊vino giallo

➡産膜酵母＞P44、シェリー＞P69

フランス東部のジュラ地方で造られているワインで、シェリーのフィノと同じように産膜酵母による影響を受けて、長期熟成を経たもの。熟成中、酵母がエチルアルコールをアルデヒドに分解し、クルミやキャラメルを思わせる芳香成分ソトロンを生成する。熟成期間は6年間と定められ、その間の滓引きや補酒は禁止されるなど、厳格に管理されている。極辛口で強烈で独特の個性をもつことから、上級者好みの飲み物となっている。フランスではヴァン・ジョーヌと呼ばれる。

パート4　ワインの分類

クヴァリテーツヴァイン

独 qualitätswein

➡カビネット>P67、プレディカーツヴァイン>P75

ドイツとオーストリアの原産地制度における上位の階級で、最上位のプレディカーツヴァインに次ぐもの。以前、ドイツでは地域限定上級ワイン（Q.b.A.／Qualitätswein bestimmter Anbaugebiete）と呼ばれたものが、2007年に改名された。オーストリアでは品質基準が厳しいことを打ち出すため、ドイツでプレディカーツヴァインに含まれているカビネットをクヴァリテーツヴァインに組み込んでいる。

クラシックスタイル

英 classic style
仏 vin traditionnel
伊 stile classico

➡モダンスタイル>P77

伝統的な製造設備や製造技術により造られたワイン。製造設備や製造技術の選択は産地によって異なる。フランス・ブルゴーニュ地方における発酵前低温浸漬、ボルドー地方のミクロオキシジェナシオン、イタリア・ピエモンテ州のバローロの小樽熟成などで造られたワインをモダンとするのに対して、それらによらないもの。概して果実味に比べて酸味やスパイス風味が優勢で、清楚で落ちついた雰囲気がある。若いうちは生硬さがあり、ある程度の熟成を経てから愉しむのが望ましい。

原産地名称保護制度
[げんさんちめいしょうほごせいど]

英 protected designation of origin (P.O.D.)
仏 appellation d'origine protégée (A.O.P.)
伊 denomination di origin protetta (D.O.P.)

➡A.O.C.>P66

欧州連合（EU）が食料品の原産地保護や品質保証を目的に管理している制度。ワインのほか、チーズやハム、オリーブなどが対象となっている。以前各国でワインに対する原産地統制呼称制度が整備されていたが、これを統括するために設けられた。19世紀末に原産地を詐称する商品が横行し、商品への信頼が揺らいだことからフランスで整備された。産地名のほか、原材料や製法などの厳しい条件を満たし、産地固有の個性を備えることが求められる。

公的検査番号
[こうてきけんさばんごう]

独 amtliche prüfungsnummer Nr.

ドイツワインで実施されている品質検査に合格したことを表わす番号。保護伝統表記付きワイン（旧プレディカーツヴァイン及びクヴァリテーツヴァイン）で義務づけられている。収穫時の果汁糖度の検査、化学分析、官能検査が課せられる。合格したワインには9桁の番号が付与され、その番号によるワインのトレーサビリティが確立されている。また、オーストリアでも同様の**国家検査番号**（Qualitätswein mit Staatlicher Prüfnummer）がある。

コニャック

英 cognac
仏 cognac
伊 cognac

➡アルマニャック>P63、ブランデー>P74

世界最高峰と讃えられるブランデー。フランス南西部のシャラント県などで生産されている。ユニ・ブランという白ブドウを原料にした白ワインを蒸留して造る。蒸留は単式2回で行なう、最低2年以上の樽熟成を経る、販売時はアルコール度を最低40度とするなど、厳しく規制されている。石灰岩土壌で収穫された原料の品質が高いとされ、最高級品としてグランド・シャンパーニュやプティット・シャンパーニュなどの原産地呼称が認められている。

混成酒
[こんせいしゅ]

英 mixed liquor
仏 liqueur mixte
伊 liquore misto

➡ フレーヴァードワイン>P75、リキュール>P77

蒸留酒あるいは醸造酒に果実や香草、薬草などの副原料による香味づけを行ない、砂糖やシロップ、着色料などを添加したアルコール飲料。蒸留酒ベースのものをリキュールと呼ぶ。醸造酒ベースのものはフレーヴァードワインと呼ばれ、有名なものに**ヴェルモット**がある。古代ギリシャの医師ヒポクラテスがワインに薬草を浸漬して薬酒を造ったのが起源といわれる。中世の頃には薬酒として修道院で積極的に造られた。

シードル

英 cider
仏 cidre
伊 sidro

➡ カルヴァドス>P67、フルーツブランデー>P74

リンゴを原料とする醸造酒で、発泡性であることが多い。リンゴを圧搾した搾汁を発酵させる。アルコール度数は3〜8%と低い。冷涼気候のため、ブドウ栽培が困難なフランス北西部やイギリスで頻繁に造られており、なかでもフランス・ノルマンディー地方が有名。上級品**コルヌアイユ**は瓶内発酵によって炭酸ガスを生成させる。洋ナシを原料とするものは**ポワレ**と呼ぶ。シードルを蒸留したものが**アップルブランデー**となる。

ジェネリックワイン

英 generic wine
仏 vin générique
伊 vini generici

➡ ヴァラエタルワイン>P63、プロプライアタリーワイン>P75

新興国における法的な分類のひとつで、品種名をラベルに掲げないワイン。品種の個性を打ち出したヴァラエタルワインに対して、品種名を掲げない日常消費酒として設けられた。評価の低い品種から造ったもののほか、複数品種をブレンドしたものもある。以前はヨーロッパの有名産地名などを掲げたりしたが、原産地保護の観点から近年は有名産地名を掲げず、単にRed wine、White wineとしている。

シェリー

英 sherry
仏 xérès
伊 sherry
西 jerez

➡ アモンティリャード>P63、酒精強化ワイン>P70、フィノ>P74、マンサニーリャ>P76

スペインの南部アンダルシア地方のカディス県ヘレス・デ・ラ・フロンテラ周辺で造られている酒精強化酒で、ポルトガルのポルトとマデイラとともに**世界三大酒精強化ワイン**として讃えられている。酒精強化の後、産膜酵母の影響を受けて熟成させたフィノ、高めに酒精強化して熟成させたオロロソがある。国内や日本では辛口が一般的だが、そのほかの市場では甘口も愉しまれている。アラブ人がヘレスを「シェリシュ」と呼んだのが語源。

自然派ワイン
[しぜんはわいん]

英 natural wine
仏 vin biologique/vin nature
伊 vini naturali

➡ 環境保全型農業>P10、ビオディナミ>P17、有機栽培>P20、ビオ臭>P110

ビオディナミや**ビオロジック**、**減農薬栽培**など自然を尊重した生産者たちが手掛けるワインの総称。明確な定義はなく、広告的な表現として用いられている。栽培や醸造の方法、あるいは禁止薬剤などもそれぞれの立場によって異なる。一般的にいえるのは、薬剤使用を抑えたことで、病害や醸造上のリスクが高くなり、生産者の努力や力量、畑や樹の潜在性が品質に表れやすい。一方で、還元状態に由来するオフフレーバー、いわゆるビオ臭が出やすい。

パート4　ワインの分類

弱発泡酒
[じゃくはっぽうしゅ]

- 仏 vin parlant
- 伊 frizzante
- ➡ スパークリングワイン>P72

弱発泡性を有するワインのこと。O.I.V.では、**ペティヤン**は3g/ℓを超え、5g/ℓ以下の二酸化炭素を含有するものと定義している。また、EUでは20℃で1bar（バール）を超え、2.5barに満たないものと定義されている。フランスではペティヤン、イタリアでは**フリザンテ**、ドイツでは**パールヴァイン**と呼ばれている。

酒精強化ワイン
[しゅせいきょうかわいん]

- 英 fortified wine
- 仏 vin viné, vin fortifié
- 伊 vino alcolizzato
- ➡ ミュタージュ>P57、シェリー>P69、スティルワイン>P71、スパークリングワイン>P72、フレーヴァードワイン>P75、マデイラ>P76

フォーティファイドワインともいう。醸造工程でブランデーを添加してアルコール度を強化したワイン。アルコール度40〜80％のブランデーを加えて、ワインのアルコール度を15〜22％に調整する。味わいにコクを与え、保存性を高めた。かつては航海中の飲料として重宝され、港周辺に名産地が形成された。世界三大酒精強化ワインのシェリー、ポルト、マデイラのほか、イタリアのマルサラなどが有名。食後酒として愉しまれる甘口、食前酒として愉しまれる辛口がある。

シュペトレーゼ

- 独 spätlese
- ➡ プレディカーツヴァイン>P75

ドイツやオーストリアにおける最上位の階級プレディカーツヴァインに含まれる称号。「遅摘み」が語源。収穫解禁日から7日目以降に完熟したブドウを収穫することが義務づけられている。一般的に中甘口に仕上げられるが、辛口のものもある。その際はシュペートレーゼ・トロッケン（spätlese trocken）と表記。1711年シュロス・ヨハニスベルク修道院に対する大修道院長からの収穫許可が遅延したために誕生した。

醸造酒
[じょうぞうしゅ]

- 英 brew
- 仏 alcool fermenté
- 伊 bevanda fermentata
- ➡ 酵母>P42、発酵>P52、混成酒>P69、蒸留酒>P71

発酵により造られたアルコール飲料。果実を原料とするものの代表がワインであり、ほかにもシードルなどがある。穀物を原料とするものには清酒、ビールなど。酵母の耐性によりアルコール度数が決まるため、蒸留酒に比べるとアルコール度数は低い。果実原料のものは果実が糖類を含むので、そのまま発酵する（単発酵）。穀物原料のものはデンプンを糖類に分解する作業が加わる（複発酵）。

焼酎
[しょうちゅう]

- 英 distilled spirit
- 仏 shōchū
- 伊 shochu
- ➡ 蒸留酒>P71

日本国内で造られている蒸留酒。蒸留方法により連続式蒸留焼酎（旧甲類）と単式蒸留焼酎（旧乙類）に分類される。連続式はすっきりとした味わいで、チューハイやリキュールなどに使われる。単式は原料の風味が反映されて個性が強く、ロックや水割りで愉しまれる。しっかりとした米焼酎、軽快な麦焼酎、独特の風味をもつ芋焼酎などがある。壱岐、球磨、琉球、薩摩はWTO（世界貿易機関）により地理的表示として認定されている。

Part 4 Category of wine

蒸留酒
[じょうりゅうしゅ]

英 spirits
仏 spiritueux
伊 acquavite

➡ ウイスキー>P64、醸造酒>P70、ブランデー>P74

発酵により得られた醸造酒を蒸留して造ったアルコール飲料。蒸留後の原酒はアルコール度数が高いものの、加水により度数調整を行なって出荷されるのが一般的。蒸留技術は8〜9世紀に中東で開発され、キリスト教の修道士たちによりヨーロッパ各地へ広められた。各地でさまざまなものが造られているが、**オー・ド・ヴィ**（フランス）、ウイスキー（イギリス）など、各国語で「**生命（いのち）の水**」と呼ぶことが多い。

白ワイン
[しろわいん]

英 white wine
仏 vin blanc
伊 vino bianco

➡ 赤ワイン>P62、ロゼワイン>P78

黒ブドウの果皮に由来する色素アントシアニン類を含まない、無色あるいは黄緑色や黄金色を呈するワイン。一般的には白ブドウを原料とするが、一部で黒ブドウからも造られている。製造上の最大の特徴は、果皮の浸漬を行なわないこと（例外的なものを除いて）。マロラクティック発酵や樽熟成の有無などにより、さまざまなスタイルとなる。また、辛口から甘口まで幅広いタイプがある。

ジン

英 gin
仏 gin
伊 gin

トウモロコシやライ麦などの穀類を原料とする蒸留酒に、ジュニパーベリーやコリアンダーなどのボタニカル（草根木皮）を浸して再蒸留したアルコール飲料。無色透明でボタニカル特有の香りを感じることができる。マティーニなどのカクテルベースとして親しまれている。有名なものにドイツのシュタインヘーガー、オランダのジュネバ、イギリスのドライジンなどがある。

新酒
[しんしゅ]

英 new wine
仏 vin nouveau
伊 novello

➡ マセラシオン・カルボニック>P56

収穫のすぐ後、その年のうちに発売されるワイン。フランス・ボージョレ地区の新酒ボージョレ・ヌーヴォーが有名で、秋の風物詩ともなっている。南フランス、イタリアなどの各地でも新酒が製造されており、地元で愉しまれている。ボージョレの解禁日は11月第3木曜日で日本では販売イベントが一斉に開催されているが、産地ごとに製造や販売に関する規制が行なわれており、産地により発売日も異なる。抽出を早めるために、赤ワインではマセラシオン・カルボニックによる醸造を行なうものが多い。

スティルワイン

英 still wine
仏 vin tranquille
伊 vino tranquillo

➡ 酒精強化ワイン>P70、スパークリングワイン>P72、フレーヴァードワイン>P75

発泡性のないワインで、酒精強化や風味づけを行なっていないもの。スパークリングワインの対義語として「静かな」「動かない」という意味のスティルと呼ばれるようになった。EUの規定では20℃におけるガス圧が1bar（バール）未満。アルコール度は約9〜15%のものが一般的。色によって赤ワイン、白ワイン、ロゼワインなどに分類される。味わいも辛口から甘口まである。

Part 4 ワインの分類

71

パート4　ワインの分類

スパークリングワイン

英 sparkling wine
仏 vin mousseux, vin effervescent
伊 vino spumante

➡弱発泡酒＞P70、気圧＞P102

発泡性を有するワインのこと。EUでスパークリングワインとして流通するのは、3bar（バール）以上のガス圧をもつもの。3.5barを超えるものは、上級スパークリングワイン（ヴァン・ムスー・ド・カリテ）に分類される。また、シャンパーニュは5気圧以上と産地によって別の基準が定められているものもある。日本の酒税法では、20℃におけるガス圧が49kPa（キロパスカル）以上の二酸化炭素を含有する酒類と定義している。

清酒
［せいしゅ］

英 refined sake
仏 seishu
伊 sake

➡糖化＞P51、並行複発酵＞P55

米、麹、水を原料とする醸造酒。清酒は酒税法上の呼称で、一般的には日本酒と呼ばれる。原料に米、麹、水のみを使ったものを純米酒と呼ぶ。また、醸造アルコール（デンプン含有物を発酵、蒸留したもの）の添加も認められている。精米歩合により吟醸酒（60%以下）や大吟醸酒（50%以下）などの分類もある。鹿児島を除く全都道府県で生産されているが、兵庫県（全国生産割合32%）や京都府（同14%）、新潟県（同8%）が上位を占める。

セカンドワイン

英 second wine
仏 second vin
伊 vino secondo

正規銘柄の品質維持のために、品質的に見劣りするものを別銘柄としたワイン。フランス・ボルドー地方では1980年代から各ワイナリーが手掛けるようになった。生産量の2〜3割がセカンドワインに回されるとみられる。正規銘柄とほとんど変わらない手間をかけているにもかかわらず、価格が正規銘柄の半額以下に抑えられているとして人気も高い。正規銘柄に比べて長期熟成には向かず、若いうちから飲むのに向いている。

テキーラ

英 tequila
仏 tequila
伊 tequila

メキシコで造られてきた竜舌蘭（りゅうぜつらん）を原料とする蒸留酒。竜舌蘭はブルーアガベ種を51%以上使用することが義務づけられている。蒸した竜舌蘭の搾汁を発酵させて蒸留する。一般的には無色透明で、シャープな風味をもつ。また、樽熟成を経たものもある。マルガリータなどのカクテルの材料として使用されることで知られている。現地ではそのまま飲まれることが多い。

ドイツ高級ワイン生産者連盟
［どいつこうきゅうわいんせいさんしゃれんめい］

独 Verband Deutscher Prädikats und Qualitätsweingüter

➡エアステ・ラーゲ＞P65

1910年に設立された同業者組合で、現在200軒が加盟。国内生産量の2.5%にもかかわらず、販売価格は12%を占めるというように、ドイツワインの品質を担っている。2006年テロワールへの回帰を訴え、フランスと同じような土地に基づく3段階からなる畑の階級制度を独自で提案。特級に相当する最高級クラスをエアステ・ラーゲ、それに続く階級をオルツヴァイン、グーツヴァインとした。略称は**V.D.P.**。

トゥニー・ポルト

英tawny port
仏porto tawny
伊porto tawny

⇒ホワイト・ポルト>P75、ルビー・ポルト>P77

熟成年数を記載したポルトワイン。長期間の樽熟成を経て黄褐色（tawny）になったもので、10年、20年、30年、40年という年数を掲げた銘柄がある。年数は平均的な熟成年数の目安で、必ずしも記載年の熟成を経たものではない。また、作柄に恵まれた年のブドウで造り、長期樽熟成を経た**コリェイタ**という上級品もある。こちらは収穫年に加えて、瓶詰めされた年も記載する。

トロッケンベーレンアウスレーゼ

独trockenbeerenauslese
⇒プレディカーツヴァイン>P75

ドイツやオーストリアにおける最上位の階級プレディカーツヴァインのなかでも最高位にある称号。「乾いた（trocken）果粒（beeren）を選び摘む（auslese）」が語源。一般的には貴腐化して樹上で自然乾燥したブドウを原料とする甘口ワイン。糖度があまりに高く発酵が進みにくいため、ドイツではアルコール5.5度以上と低く定められている。きわめて希少性が高く、長期熟成にも耐える。銘酒の年代物は骨董品的な価格で取り引きされる。

ビール

英beer
仏bière
伊birra

麦芽、ホップ、水を原料とする醸造酒。おもに大麦を発芽させ（麦芽と呼ぶ）、そのなかに生成された酵素により糖化を行ない、加水して発酵させる。ドイツでは麦芽のみと定められているものの、各国では米やトウモロコシなどの副原料も認められている。日本では副原料の重量比率が麦芽の半分を超えた場合、発泡酒に分類される。日本で親しまれているラガータイプのほか、深いコクをもったエールなど数多くの種類がある。

微発泡ワイン
[びはっぽうわいん]

英light sparking wine
仏vin pétillant
伊frizzante

スティルワインが有するわずかな発泡で、弱発泡性ワインが含有する二酸化炭素（20℃で1～2.5bar）に満たないもの。スパークリングワインの二次発酵とは違い、アルコール発酵により生じた二酸化炭素が残留した。ドイツやフランスのミュスカデなどの早めに瓶詰めを行なう軽快な白ワインで頻繁にみられる。近年は酸化防止剤としての亜硫酸塩の使用を低減するため、二酸化炭素の酸化防止効果を期待して、微発泡を有する赤ワインも登場している。

フィーヌ

仏fine

ワインを蒸留したブランデーのひとつで、**オー・ド・ヴィ・ド・ヴァン**とも呼ぶ。A.O.C.の基準に達しなかったワインのほか、樽やタンクの底に澱とともに残ったワインを蒸留したもの。コニャックやアルマニャックに比べると荒々しい雰囲気で地酒色が強く、マールに比べると上品さが感じられる。一般的にはあまり高価ではないものの、フランス・ブルゴーニュ地方のドメーヌ・ド・ラ・ロマネ・コンティ社が販売しているもののように希少性が高く、人気の銘柄もある。

パート4　ワインの分類

フィノ

西 fino
→ 産膜酵母＞P44、アモンティリャード＞P63、シェリー＞P69、酒精強化ワイン＞P70、マンサニーリャ＞P76

世界三大酒精強化ワインのひとつシェリーのなかで、最も一般的なタイプ。アルコール度数約15度に酒精強化の後、樽熟成中にワインを満量には詰めずに液面を低くし、産膜酵母を繁殖させることで、ローストアーモンドを思わせる風味をもった独特の極辛口に仕上げる。**ソレラ**と呼ばれるブレンドを行なうことで、品質やスタイルの安定化を図る。淡黄色を呈しており、食前酒や食中酒として愉しまれるほか、カクテルのベースなどにも使われる。

ブランデー

英 brandy
仏 eau-de-vie de vin、eau de vie de raisin
伊 grappa
→ 蒸留＞P46、蒸留酒＞P71、フルーツブランデー＞P74

果実酒を蒸留して造ったアルコール飲料。通常は白ワインを蒸留したものを指すが、リンゴから造る**アップルブランデー**などのフルーツブランデーも広義では含む。通常、アルコール40〜50度に調整してから出荷される。7〜8世紀頃、スペインに製造が伝えられ、15世紀にはフランスのアルマニャックやコニャックで製造が始まった。フランス語の「焼いたワイン（vin brûlé）」がオランダ語のbrandewijnに訳されたのが語源。フランス語で「生命の水」を意味するオー・ド・ヴィと呼ぶ。

ブラン・ド・ノワール

仏 blanc de noirs
→ 瓶内二次発酵＞P54、ブラン・ド・ブラン＞P74

シャンパーニュのなかでも、原料に黒ブドウだけを使ったもの。直訳すると「黒ブドウでできた白ワイン」という意味。おもに商品価値の高いピノ・ノワール種が使われる。果皮の色素が溶出しないように圧搾して白の原酒を造る。エレガントなブラン・ド・ブランに対して、肉づきがよくコクがある。一般的にはバランスを取るために白ブドウと黒ブドウを混ぜる。ブラン・ド・ノワールを手掛けている生産者はあまり多くない。

ブラン・ド・ブラン

仏 blanc de blancs
→ 瓶内二次発酵＞P54、ブラン・ド・ノワール＞P74

シャンパーニュのなかでも、原料にシャルドネ種だけを使ったもの。直訳すると「白ブドウでできた白ワイン」という意味。複数品種をブレンドするのが一般的ななか、マロラクティック発酵をせずにエレガントなスタイルを志向するものが多く、長期熟成も可能。1921年初めて造られたブラン・ド・ブランがサロンといわれている。広義には白ブドウから造ったスパークリングワインを指す。

フルーツブランデー

英 fruits brandy
仏 eau de vie de fruit
伊 brandy di frutta
→ 蒸留＞P46、カルヴァドス＞P67、蒸留酒＞P71、ブランデー＞P74

ブドウ以外の果実を原料とする蒸留酒。リンゴから造る**アップルブランデー（アップルジャック）**のなかでも、フランスのカルヴァドスがとくに有名。ほかにもサクランボやプラム、木イチゴ、洋ナシなどから造られている。リンゴは果汁を発酵させて造る。サクランボやプラム、木イチゴなどは蒸留酒に原料を浸漬して風味づけを行なう。浸漬するものは法律上、リキュールに分類される。

Part 4 Category of wine

フレーヴァードワイン

英 flavored wine
仏 vin aromatisé
伊 vino aromatizzato

薬草や果実、甘味料などを加えて風味づけしたワイン。各地で造られているなかでも有名なものとしては、イタリアやフランスで造られているニガヨモギなどの香草を浸漬した**ヴェルモット**がある。また、柑橘系のリキュールをブレンドしたフランス・ボルドー地方の**リレ**、松ヤニで風味をつけたギリシャの伝統酒**レッチーナ**、果実やスパイスを加えて造るスペインの**サングリア**なども有名。食前酒として愉しむものが多く、カクテルの材料として用いられることもある。

プレディカーツヴァイン

独 prädikatswein

➡ エクスレ度>P38、クヴァリテーツヴァイン>P68、トロッケンベーレンアウスレーゼ>P73

ドイツとオーストリアの原産地制度における最上位の階級。肩書き（称号）をもったワインという意味。収穫時のエクスレ度（果汁糖度）が定められており、それを超えたものだけが階級を認められる。両国とも果汁糖度によって階級をさらに細分化しており、最上位には貴腐ワインのトロッケンベーレンアウスレーゼがある。ドイツでは上級酒（プレディカーツヴァインおよびクヴァリテーツヴァイン）が96.2%（2009年）を占めている。

プロプライアタリーワイン

英 proprietary wine
伊 vino proprieta

➡ ヴァラエタルワイン>P63、ジェネリックワイン>P69

品種名をラベルに掲げないワインのなかでも上級のもので、生産者が独自のブランド名を掲げているもの。代表的なものにオーパス・ワンなどがある。アメリカでは法的な分類としてはジェネリックワインとなり、上級品でありながら低位の分類という矛盾が指摘されている。ジェネリックワインのなかでも、ボルドー品種をブレンドしたものは**メリテージワイン**と呼ばれる。A.O.P.に基づくフランスでは、これに該当するワインのカテゴリーは存在しない。

ベーレンアウスレーゼ

独 beerenauslese

➡ プレディカーツヴァイン>P75

ドイツやオーストリアにおける最上位の階級プレディカーツヴァインに含まれる称号。「果粒（beeren）」が語源。一般的には樹上で過熟（一部は貴腐化）したブドウを粒選りで収穫するため、粒選りとも呼ばれる甘口ワイン。収穫時の果汁糖度はアイスヴァインと同じに定められている。オーストリアではやや果汁糖度を高めに定めた**アウスブルッフ**というワインもある。

ホワイト・ポルト

英 white port
仏 porto blanc
伊 porto bianco

➡ トゥニー・ポルト>P73、ルビー・ポルト>P77

白ブドウから造るポルトワインで、無色から黄色。通常のポルトよりも低温で長めの発酵を行ない、糖度が低くなってからグレープ・スピリッツを添加するため、辛口に仕上がる。アルコール度数はルビーやトゥニーより低く、最低度数が16.5度とされている。一般のポルトと違い、辛口であるため食前酒として愉しまれる。

パート4　ワインの分類

マール

[英]marc brandy
[仏]eau-de-vie de marc
[伊]grappa

➡蒸留>P46、蒸留酒>P71

ブドウの搾りかすを再発酵したもの、あるいは果帽を蒸留して造ったアルコール飲料。正式名オー・ド・ヴィ・ド・マールを略してマールと呼ぶ。イタリア・ヴェネト州バッサーノ・デル・グラッパ村の特産品であったことから、イタリアでは**グラッパ**と呼ぶ。マールは熟成後に樽熟成を経て琥珀色になったものを出荷するが、グラッパは無色透明のものを出荷することが多い。フランスのブルゴーニュ、シャンパーニュ、アルザス産が有名。

マデイラ

[英]madèira
[仏]madère
[伊]madera、madeira

➡酒精強化ワイン>P70

ポルトガルの海外領土で、大西洋上に浮かぶマデイラ島で生産されている**世界三大酒精強化ワイン**のひとつ。酒精強化後に加熱熟成を行なうことで、キャラメルを思わせる独特の風味をもつ。もともとは赤道を横切る暑くて長い航路を経たワインが美味しくなったことを再現した。また、英西戦争により船舶の寄港が減り、過剰在庫を処理するために蒸留し、酒精強化を行なった。標高により栽培品種が異なり、それを元に甘口や辛口などフレーバーを細分化している。

マンサニーリャ

[西]manzanilla

➡シェリー>P69、酒精強化ワイン>P70、フィノ>P74、アルバリサ>P22

シェリーで最も一般的なフィノのなかでも、サン・ルカール・デ・バラメーダ村から産出されるもの。通常のフィノよりも力強く豊潤で、潮風を思わせる風味があるとして高く評価されている。アルバリサと呼ばれる石灰岩質土壌により、乾いた夏季にもブドウの生育に必要な水分が供給され、冷涼な海洋風が気温の上昇を適度に抑えるため、栽培や醸造に好影響を与えるといわれている。フィノよりも長めの熟成を経て出荷されるものが多い。

ミネラルウォーター

[英]mineral water
[仏]eau minérale
[伊]acqua minerale

地下水を原水とする飲料水。原水が地下水でないものはボトルドウォーターと呼ぶ。また、原水成分の調整を行なっていないものはナチュラルウォーター、そのうち無機塩類が溶解しているものをナチュラルミネラルウォーターと呼ぶ。無機塩類が多いものを硬水、少ないものを軟水に分類する。ヨーロッパで産出されるものは硬水が多く、日本は軟水が多い。国内生産量では山梨県（国内生産割合34％）、静岡県（同14％）、鳥取県（同14％）と続く。

無添加ワイン

[むてんかわいん]

[英]additive-free wine
[仏]vin sans sulfite ajouté
[伊]vino senza solfiti

➡酸化防止剤>P44、ハイパー・オキシデーション>P52

酸化防止剤（亜硫酸塩）を添加していないワイン。製造方法としては、ミクロフィルターによる強制濾過で酸化や劣化を引き起こす原因物質や微生物を除去する、あるいは果汁やワインを加熱殺菌するなどが一般的。また、桶や樽の硫黄燻蒸を過剰に行なうことで、ワインに直接は添加しないという生産者もいる。ブドウやワインは酸化や失敗しやすいため、ビオディナミやビオロジックなどの自然派でも、亜硫酸塩の使用は認められている。

モダンスタイル

英modern style
仏style moderne
伊stile moderno

➡ステンレスタンク＞P47、発酵前低温浸漬＞P53、バトナージュ＞P53、ミクロオキシジェナシオン＞P57、クラシックスタイル＞P68

革新的な製造設備や製造技術により造られたワイン。発酵前低温浸漬や発酵温度制御、ミクロオキシジェナシオン、バトナージュなどの技術を用いる。一般的には力強くも華やかで、あふれんばかりの果実味をもつ。濃い赤ワインにも関わらず、タンニンがキメ細かく、やわらかな質感がある。若いうちからも開放的で、開栓直後から愉しみやすい。市場への訴求力を高めるため、一部の評論家や審査会に受けるスタイルが多いとの批判もある。

ラム

英rum
仏rhum
伊rum

サトウキビの搾汁や精糖時の副産物である糖蜜を原料とする蒸留酒。カリブ諸国などで生産されており、フランスの海外領土マルティニック島はA.O.C.を認められている。原料が搾汁のみの場合は農業生産ラム、糖蜜を使った場合は工業生産ラムと呼ぶ。原料や蒸留方法の違いにより、軽やかなものから風味豊かなものまで、さまざまなものが造られている。

ランシオ

英rancio wine
仏vin rancio
伊vino rancio

➡酒精強化酒＞P70

熟成期間中に酸化や高温の影響を受けたことにより生じた独特の風味、あるいはその個性をもった酒精強化酒。一般的なワインでは劣化とみなされる。樽や大きなガラス瓶に入れられたワインを高温の室内に貯蔵する、もしくは屋外で日にさらすことで、徐々に酸化させながら熟成させる。キャラメルを思わせる風味で、ポルトガルのマデイラの風味を表現する際にも使われる。フランス南部の特産品で、バニュルスが有名。

リキュール

英liqueur
仏liqueur
伊liquore

➡混成酒＞P69

蒸留酒に果実や香草、薬草などの副原料による香味づけを行ない、砂糖やシロップ、着色料などを添加した混成酒。香味づけには蒸留酒と副原料を蒸留する方法、蒸留酒に副原料を浸漬する方法、エッセンスを添加する方法、副原料に蒸留酒を循環させる方法などがある。11世紀に錬金術師たちにより薬液エリクシルとして開発されたのが起源。中世の頃には薬酒として修道院で積極的に造られた。

ルビー・ポルト

英ruby port
仏porto ruby
伊porto rosso

➡トゥニー・ポルト＞P73、ホワイト・ポルト＞P75

ポルトワインのなかでも最も代表的な銘柄で、ルビーを思わせる暗赤色を呈する。黒ブドウを原料としており、平均3年間の樽熟成を経てから瓶詰めされる。ルビー・ポルトのスペシャル・タイプとしてヴィンテージ・ポルトやレイト・ボトルド・ヴィンテージ・ポルトがある。また、ルビー・ポルトに対して、トゥニー（黄褐色）・ポルトという樽熟成を長く行なったもの、白ブドウから造るホワイト・ポルトがある。

パート4　ワインの分類

ロゼワイン

[英]rose wine
[仏]vin rosé
[伊]rosato, rosatello
➡赤ワイン>P62、白ワイン>P71

黒ブドウの果皮に由来する色素アントシアニン類をある程度含み、淡い色調の赤色や朱色、あるいは橙色を呈するワイン。黒ブドウを原料とし、製造過程で果皮や種子の浸漬を短期間だけ行なうのが一般的。また、アメリカでブラッシュと呼ばれるものは、圧搾時に色素を溶出させ、色づいた果汁を発酵させる。例外的にフランス・シャンパーニュ地方では赤ワインと白ワインのブレンドが行なわれたり、ドイツでは黒ブドウと白ブドウが一緒に仕込まれたりする。

ワイン

[英]wine
[仏]vin
[伊]vino

ブドウを原料とする醸造酒。EU加盟国においてはヨーロッパ・中東系統のヴィティス・ヴィニフェラから造られたものだけをワインとして販売できる。日本やアメリカなどでは北米系統の品種から造られたものもワインとして販売できる。また、イギリスや日本ではブドウ以外の果物から造った醸造酒をフルーツワインと呼ぶ。年間生産量は2億6599万hℓあり、上位3カ国（フランス、イタリア、スペイン）で約5割を占める。

Glossary of
500 Wine Terms
~Handy Edition for
All Professionals and
Wine Lovers~

Part

5

「流通」

Circulation

パート5 流通

エアツォイガーアップフュルング

独erzeugerabfüllung
➡グーツアップフュルング>P82

生産者元詰めを意味するドイツ語。自社畑のブドウ、あるいは生産者組合の組合員が所有する畑のブドウを原料とし、醸造から瓶詰めまでを一貫して行なった際に表示することができる。ただし、ズースレゼルヴェ(収穫後の果汁の一部を未醗酵のまま保存したもの)は、これらの所有地から収穫されたブドウを原料とするのであれば、ほかの製造施設で製造されたものでも使用できる。

エックス・セラー

英excellar

ワインの取引価格の一般的な契約条件で、蔵出し価格、現地倉庫前渡価格とも呼ばれる。ワイナリーを出庫してからの手続きを買主が行ない、陸送運賃や船積み費用、保険料を負担する。このほかの契約条件には①荷送人が到着港までの輸送手続きを行ない、その費用と保険料も請求するCIF(運賃保険料込価格)、②到着港への運賃までを加えたCFR(海上運賃価格)、③船積みまでのFOB(輸出港本船積込渡価格)、④買主が船積みから引き継ぐFAS(輸出港本船舷側渡価格)がある。

エノログ

英oenologist、wine maker、wine grower、cellar master
仏œnologue
伊enologo

「醸造家」と訳される職種。大規模で組織化されたワイナリーでは、発酵や熟成、瓶詰めを管理する。家族経営のような小規模なワイナリーでは、業務は栽培管理などを含む多方面に及ぶこともある。フランスには国家醸造士資格(D.N.O./ diplôme national d'oenologue)があり、ワイナリーによっては資格取得を推奨しているところもある。取得にあたっては、大学や栽培・醸造学校で所定の課程を修了することが定められている。

エノテカ

英wine shop
仏cave à vin
伊enoteca

イタリア語で「ワインの箱や棚」を意味する言葉で、転じて地元ワインの販売所を指す。店内でもワインを飲めるように、カウンターやテーブルを用意してあるところも多い。食事は簡単なおつまみだけを提供するところがほとんど。カンティーナと呼ぶこともある。近年はワインを主体としたレストランなどもエノテカと呼ばれる。

FCL／LCL

英full container load / less container load
仏conteneur maritime complet / conteneur maritime de groupage
伊container a carico pieno / container a carico parziale

FCLはコンテナ1本を単位として運送される大口荷物。ワイナリーでコンテナに荷物を積めて輸出港に運ぶ。20フィートサイズのドライコンテナでは750mℓ瓶を約800～1000箱(9600～1万2000本)積載する。一方、LCLはコンテナ1本に満たない小口荷物。トラックで輸出港のコンテナターミナルに運び、ほかの荷物と混載される。荷物の集積などに日数がかかるほか、FCLに比べて費用も割高になる。

O.I.V.

英international organisation of vine and wine
仏organisation internationale de la vigne et du vin
伊organizzazione Internazionale della vigna e del vino

国際ブドウ・ブドウ酒機構の略称。ブドウの栽培及びワイン醸造に関する技術的、科学的な研究を行なう機関で、1924年パリで開催された国際会議を起源とする。パリに本部が置かれ、現在はヨーロッパを中心に北米、南米など44カ国が加盟している。中東ではイスラエルやグルジア、レバノンが、アジアでは2010年にインドが加盟した。日本や中国は加盟にいたっていないほか、アメリカは2001年に脱退している。

卸販売
［おろしはんばい］

英wholesale
仏vente en gros, commerce de gros
伊vendita all'ingrosso

▶エックス・セラー＞P80、直販＞P85

商品流通において製造業と小売業の間にある業種で、卸売や問屋とも呼ばれる。ワインの流通においては卸販売が介在する多段階の流通が一般的。フランス・ボルドー地方ではネゴシアンが卸販売を行なうことが慣習化しており、ワイナリーは販売したとしても観光客用に少量だけ、市場価格もしくは近い価格で販売することもある。国内流通において酒販店や飲食店に卸販売される際は、希望小売価格の7掛程度で卸販売されることが一般的。

カーヴ

英cave
仏cave
伊cantina

▶シェ＞P83

樽や瓶に詰められたワインを貯蔵する倉庫で、おもに地下に造られていることが多い。原義は「洞窟」という意味。地上にある貯蔵庫のシェに比べて、直射光や外気温の影響を受けにくく温度変化が小さいのが特徴。従来は高湿度であることも利点とされ、壁面がカビに覆われたカーヴはワインを熟成させる最高の場所のようにいわれた。近年は衛生管理の問題から、清潔に管理されたカーヴが増えてきている。

カヴィスト

英cellarperson
仏caviste
伊cantiniere

▶ソムリエ＞P85

ホテルや飲食店、酒販店においてワインの仕入れや管理を専門に行なう職種。「酒蔵（カーヴ）で働く人」という意味。ダイニングで接客を行なうソムリエとは違い、カーヴでワインの整理や管理を専門的に行なう。有名飲食店では数十万本に及ぶワインの管理を行なう。規模の大きくない飲食店ではソムリエがカヴィストの業務を兼業することが一般的。

課税数量
［かぜいすうりょう］

仏quantité taxable
伊quantità tassabile

▶酒税＞P84

課税移出数量ともいう。日本において、酒類（アルコール分1％以上の飲料）が製造場から出荷される際、課税を受けた数量。酒税の免除を受けて出荷されたもの、輸出されたものは含まれない。輸入品の場合、輸入される商品の数量となる。品目により税率が異なるため、品目ごとに数量を算出して合算する。2009年度では酒類合計で905万805kℓのうち、果実酒は25万1719kℓ（酒類合計に対して2.8％）、甘味果実酒は6731kℓ（同0.1％）を占める。

パート5 | 流通

カルトワイン

英 cult wine
仏 vin culte
伊 vino culto

➡ ガレージワイン>P82

評論家が絶賛したり、漫画やテレビで紹介されたりしたことで人気となり、ボトル1本が数十万円というように、市場価格が高騰してしまったワイン。ガレージワインのように生産量が限られているものがカルトワインになりやすい。フランスのボルドーワインやシャンパーニュのようにある程度の規模で生産を行なうワイナリーでは、同じように高品質でも、需給バランスが取れているため、カルトワインにはなりにくい。

ガレージワイン

英 garage wine
仏 vignoble micro-cuvée
伊 vino in garage

➡ カルトワイン>P82、ブティックワイナリー>P88

小規模できわめて強い品質志向をもつワイナリーを称した言葉。1990年代にアメリカ・カリフォルニア州で使われるようになった。ブティックワイナリーの登場によって品質志向を強めたカリフォルニアにおいて、プレミアムワインの製造だけに特化した小規模ワイナリーが登場した。年間生産量はブティックワイナリーの数百万本ほどに対して、数万本から数十万本と限られているため、そのワインは稀少性が高く、投機的な扱いを受けるものもある。

関税
[かんぜい]

英 customs
仏 droits de douane
伊 dazio doganale

➡ 酒税>P84

国内産業の保護もしくは財政上の理由から、輸入品に対して課せられる税金。日本では、ワインを含む醸造酒類は一般税率として課税価格（一般的に輸入港での価格）の15%または125円/ℓのうち、いずれか低い税率となる。ただし、税率が67円/ℓを下回る場合は、67円/ℓ。また、課税価格が10万円以下の場合は簡易税率70円/ℓ。個人使用の輸入では3本までは関税、消費税および酒税が免除となる。それを超える際は1本あたり関税70円と酒税80円を納税する。

協同組合
[きょうどうくみあい]

英 cooperative
仏 cave coopérative
伊 cooperativa

共通の目的を達成するために個人や中小企業が集まり、出資して設立する組合。ワイン製造においては栽培農家により組織され、組合員から原料を調達する。従来は品質面での課題が多く見られたが、近年は組合員に対して栽培や収穫の指導を行ない、ブドウの品質に応じて支払額を上げるなどして、品質向上に努めている。現在、フランスではワインの総生産量のうち、約50%が協同組合によって生産されている。

グーツアップフュルング

独 gutsabfüllung
➡ エアツォイガーアップフュルング>P80

醸造所元詰めを意味するドイツ語。醸造所が所有する畑から収穫されたブドウを原料とし、醸造から瓶詰めまでを一貫して行なった際に表示することができる。エアツォイガーアップフュルングに対して、職業訓練を受けたエノログ（醸造家）が責任者である、醸造所を3年以上運営しているなど、一定の法律規定に従って運営されている醸造所やブドウ栽培農家のみが対象となる。

グランヴァン

⑭grand vin
➡セカンドワイン＞P72

直接的には偉大なワインを表わすが、さまざまな意味で用いられる。ボルドーの格付けワインを表わすこともあれば、ボルドーワインそのものが偉大であるとして、ボルドーを総称する言葉としてGrand Vin de Bordeauxをラベルに掲げるものも多い。また、自社製品のなかでも正規銘柄あるいは上級銘柄を表わし、セカンドワインなどと対峙させることもある。慣習的にグラン・クリュが同義として使われることもある。

クルティエ

英wine broker
⑭courtier
伊mediatore

生産者（ワイナリー）と流通業者（ネゴシアン）の取り引きを仲介する業者。中立的な立場にあって、両者の利害を調整する。ブドウの作柄やロット単位でのワインの品質に関しても情報を収集し、適正な品質と取り引き量を決めていくため、製造から流通に到るまでの幅広い知識が求められる。1322年に設立されたパリ仲介人組合にまで遡ることができる。免許制のため、空きがない場合は既得者から譲り受けて開業する。

コーペラティヴ・ド・マニピュラン

英cooperative of growers
⑭coopérative de manipulant
伊cooperative di produttori
➡ネゴシアン・マニピュラン＞P87、マルク・ダシュトゥール＞P89、レコルタン・コーペトゥール＞P89、レコルタン・マニピュラン＞P90

略号はC.M.。シャンパーニュの製造者の形態を表わす種別のひとつで、ブドウ栽培家などの組合員により組織化された協同組合。ブドウの一部または全部を栽培農家から買い付け、製造からは組合が行なう。あまり見受けられない形態であるものの、生産規模では10位に入るほどの大手もある。また、組合に加盟する栽培農家がブドウや搾汁を持ち寄り、組合のブランドで製造販売しているところもある。

栽培家
[さいばいか]

英vine-grower
⑭vigneron
伊vignaiolo

ブドウを栽培する人もしくは農家。組織化されたワイナリーでは分業化が進み、栽培を担当する人。大手ネゴシアンでも委託契約先の栽培農家に指導にあたる担当を設けることがある。従前は醸造家に比べて注目を受けずに活躍が限られていたものの、良質原料の確保が品質向上の前提であることが理解されるようになり、その役割が重くみられるようになっている。

シェ

英cellar
⑭chai
伊cantina
➡カーヴ＞P81

発酵後のワインを樽貯蔵する倉庫で、樽熟成庫（樽貯蔵庫）や樽庫とも呼ばれる。同じ樽熟成庫でもカーヴは地下に掘られているのに対して、シェは地上に建設されている。フランス・ボルドー地方でよく使われる用語で、樽庫責任者（転じて醸造責任者）のことを**メートル・ド・シェ**と呼ぶ。カーヴに比べて外気温の影響を受けやすいものの、地下水の滲出が心配される地域などでは一般的に使われている。

パート5 流通

シッパー

英 shipper
仏 négociant, shipper
伊 commerciante, intermediario o spedizioniere marittimo di vino

→ ネゴシアン＞P86

原義は船積み人を表わす言葉で、転じて**輸出業者**もしくは**荷送人**を表わす。イギリスでは、フランス・ボルドー地方のワイン輸出業者ネゴシアンをシッパーと呼ぶ習慣があった。ボルドーで元詰めが一般化する以前、輸出業者はワインを樽で購入し、自社でブレンドして輸出していたことから両者が同義的に用いられるようになった。船積みあるいは海運のことを**シッピング**と呼ぶ。

シャトー

仏 château

→ ネゴシアン＞P86

フランス・ボルドー地方におけるワイン生産者を意味する言葉で、ブドウ栽培からワイン製造までを一貫して行なうもの。また、現在では生産者元詰めが普及していることから、瓶詰めまでを行なうことが一般的。封建領主の城館を原義とするが、同地方のメドック地区の格付け生産者のような正しく城館を思わせるものもあれば、小規模な栽培農家にも使われている。同じくフランス・ブルゴーニュ地方で使われるドメーヌと生産形態としては同じである。

酒税
[しゅぜい]

英 liquor tax
仏 taxe sur les alcools
伊 tassa sugli alccolici

→ 課税数量＞P81、関税＞P82

日本における酒類（アルコール分1％以上の飲料）に対して課せられる国税。蒸留酒類はアルコール分が高いほど税率も高くなるものの、発泡性酒類や醸造酒類はアルコール分に関わらず定額である。また、混成酒類は品目によりアルコール分に応じて変わるもの、定額のものがある。果実酒は8万円/kℓとなり、甘味果実酒やリキュールは12度のとき12万円/kℓで、アルコール1度ごとに1万円/kℓが加算される。

ジョイントベンチャー

英 joint venture
仏
伊 società a capitale misto

複数のワイナリーが合弁であらたに設立したワイナリー。共同出資や技術供与とさまざまな事業形態がある。最も有名なものにフランス・ボルドー地方のシャトー・ムートン・ロートシルトとアメリカ・カリフォルニア州のロバート・モンダヴィにより、1978年アメリカ・カリフォルニア州ナパ郡に設立されたオーパス・ワンがある。急成長を遂げる新興産地を傘下に取り込むという目的から、ボルドーなどのワイナリーには積極的に取り組むところもある。

税関検査
[ぜいかんけんさ]

英 customs inspection
仏 inspection douanière
伊 controllo doganale

税関は申告書類をチェックし、申告書記載の内容と実際の荷物が同一であるか、税番（税表番号）が正しいかを確認するため、必要な場合には検査を行なう。税関検査には現場検査、検査場（改品場）検査、見本検査、全量検査などの方法がある。食品輸入の場合、税関への申告に先立ち、厚生労働大臣宛に食品等輸入届出を提出する。近年は日本の厚生労働省が認定した検査機関が発行する分析証明書での申告が可能となっている。

セラードア

英cellar door
仏boutique

ワイナリーに併設されたワインの直売所を表わす言葉で、そのワイナリーで造られているワインを試飲することもできる。希少な高額商品なども有料で試飲できることがある。アメリカ・カリフォルニア州やオーストラリアなどでよく用いられる用語で、これらの地域では迎賓設備として設けているワイナリーが多い。ワインばかりでなく、オリジナルのウェア類やグッズ類なども販売していたりする。

ソシエテ・ド・レコルタン

仏société de récoltants

➡コーペラティヴ・ド・マニピュラン＞P83、ネゴシアン・マニピュラン＞P87、マルク・ダシュトゥール＞P89、レコルタン・コーペラトゥール＞P89、レコルタン・マニピュラン＞P90

略号はS.R.。シャンパーニュの製造者の形態を表わす種別のひとつで、同族のブドウ栽培農家で構成されている会社。構成員が所有する畑で収穫されたブドウのみを使用する。アンドレ・クルエ（モンターニュ・ド・ランス地区ブージィ村）のように、当主の家族が所有する畑だけで原料を賄っていても、表記をN.M.（ネゴシアン・マニピュラン）としているところもある。

ソムリエ

英sommelier
仏sommelier
伊sommelier

➡カヴィスト＞P81

ホテルや飲食店においてワインなどの飲料を客にサービスする職種。中世の頃には宮廷でワインを管理する者がこう呼ばれ、フランス革命により宮廷を追われた者たちが飲食店に活動の場を移した。高級飲食店では料理のサービスは給仕が担当し、ソムリエと分担している。フランスでは国家資格として認定されており、資格所有者は1200人ほど。日本では社団法人日本ソムリエ協会などの民間団体が呼称認定を行なう。女性はソムリエール（sommelière）と呼ぶ。

直販

[ちょくはん]

英direct purchase
仏vente en directe
伊acquisto diretto

➡卸販売＞P81

ワイナリーが消費者や飲食店に直接ワインを販売すること。一般的な流通形態である卸売販売のように卸売価格を設定する必要がなく、市場価格で販売できるため利益幅が大きい。その反面、卸売業者などの大口顧客に一括で販売できるわけではないので、資金繰りが難しくなる。市場で品薄な人気商品を販売する際にはきわめて有効な販売方法。多くのワイナリーは安定的な経営を図るため、大口顧客に卸販売を行なっている。

通関

[つうかん]

英customs clearance
仏dédouanement
伊sdoganamento

貿易において税関から輸出入の許可を得る手続き。輸出入の申告を行ない、必要な検査を受けた後、関税などを納付して許可を得る。ワインの輸入通関の形態として、①輸入後ただちに国内販売するために納税する直輸入通関（IC=Import for Consumption）、②すぐには納税せずに保税倉庫に蔵置きしたまま輸入許可だけを得る保税倉庫入れ通関（IS=Import for Storage）、③保税倉庫の貨物に対して納税して内国貨物とする保税倉庫蔵出し輸入通関（ISW=Import from Storage Warehouse）がある。

パート5　流通

T/T

英 telegraphic transfer remittance
仏 paiement T/T, transfer télégraphique
伊 rimessa telegrafica

電信送金。日本国内における振り込みと同じ。ワインの輸入における決済では一般的な方法。荷送人が銀行を通さずに買主に証書を郵送し、買主は輸入通関を済ませた後に送金する。このほか、決済方法としては、①発注時に買主が売主を受益者として銀行から信用状を開設する信用状開設（Letter of Credit）、②ボルドーのプリムールなどの買い付けで行なわれる前渡金払い（Payment in advance）などがある。

ドメーヌ

英 estate
仏 domaine
伊 tenuta
➡ ネゴシアン＞P86

フランス・ブルゴーニュ地方におけるワイン生産者を意味する言葉で、ブドウ栽培からワイン製造までを一貫して行なうもの。私有地や領域を原義とし、地主（proprietare）や栽培農家（vigneron）も同義として使われている。同じくフランス・ボルドー地方で使われるシャトーと生産形態としては同じ。ただし、両産地ではワイナリー1軒あたりの生産規模が大きく異なっており、ボルドーが会社であるのに対して、ブルゴーニュは家族が運営していることが多い。

ドライコンテナ

英 dry container
➡ リーファーコンテナ＞P89

常温で輸送されるコンテナで、工業製品から日用品の輸送まで幅広く使用されている。輸送費を圧縮するため低価格帯の商品ではドライコンテナが使われ、海上輸送される全貨物の約85％を占めている。ワインの輸送においてはドライコンテナとリーファーコンテナの両方が使われている。船上に積み上げられたドライコンテナの最上段では、温度が50〜60℃にも達することがあるため、ワインの輸送には不向きとされる。

ヌーヴォー

英 new wine
仏 vin nouveau
伊 novello
➡ プリムール＞P88

原義は「新しい」という意味で、転じて新酒を指す。各地で製造が許可されているものの、なかでも有名なものにフランスのボージョレ・ヌーヴォーがある。ボージョレの販売開始日（解禁日）が11月第3木曜日。欧米諸国に先立ってこの日を迎えるので、日本ではイベントが多く組まれているが、販売開始日は産地ごとに定められている。早く愉しめるように赤ワインではマセラシオン・カルボニクで造ることが一般的。ラベルには収穫年の記載が義務づけられている。

ネゴシアン

英 wine merchant
仏 négociant
伊 negoziante di vine
➡ シャトー＞P84、ネゴシアン・ヴィニフィカトゥール＞P87、ネゴシアン・エルヴールン P07

ワインの流通に携わる業者、いわゆるワイン商。生産者が瓶詰めしたワインを買い付けて流通させる。また、ブドウや原酒を仕入れて独自の商品として販売する。フランス・ボルドー地方では生産者からの直販は一般的ではないため、ネゴシアンは流通業者として前者的機能の比重が高い。同じくフランス・ブルゴーニュ地方では後者的機能の比重が高く、土地を所有しない製造会社として活動する。

ネゴシアン・ヴィニフィカトゥール

négociant vinificateur
➡ネゴシアン＞P86、ネゴシアン・エルヴール＞P87

ネゴシアンのなかでも、製造から瓶詰めまで行なうもの。栽培農家からブドウを買い付けるばかりでなく、品質確保のために栽培農家と長期契約を結び、栽培や収穫に関する指導を行なうものもいる。ドメーヌに比べて市場では低く見られがちなネゴシアンだが、ドメーヌとの違いは土地を所有しないだけとして付加価値を打ち出す。フランス・ブルゴーニュ地方などでは相続による分割で、独自の原料調達が困難になった場合などにドメーヌから転換する例も。

ネゴシアン・エルヴール

négociant éleveur
➡ネゴシアン＞P86、ネゴシアン・ヴィニフィカトゥール＞P87

ネゴシアンのなかでも、生産者から樽でワインを買い付けて、熟成やブレンドを行なって瓶詰めするもの。エルヴールは「育成」が原義。従来はネゴシアンとひと括りで呼ばれていたものの、独自の熟成や**ブレンド**を付加価値として強く打ち出すために、近年は瓶を買い付けるネゴシアンと分けて、使われるようになった。フランス・ブルゴーニュ地方やローヌ河流域地方などで発展してきた製造形態。

ネゴシアン・マニピュラン

négociant-manipulant
➡コーペラティヴ・ド・マニピュラン＞P83、マルク・ダシュトゥール＞P89、レコルタン・コーペラトゥール＞P89、レコルタン・マニピュラン＞P90

略号はN.M.。シャンパーニュの製造者の形態を表わす種別のひとつで、ブドウの一部または全部を栽培農家から買い付けて製造、販売を行なっているもの。フランス・シャンパーニュ地方では栽培と製造の分業が一般的に行なわれているため、N.M.が全生産量の7割を占める。小規模生産者も存在するものの、量的、質的な安定化のために充実した製造設備や備蓄原酒、それをまかなう豊富な資金が必要となり、実際には超大手、大手による寡占状態が続いている。

納品書
[のうひんしょ]

英 invoice
仏 facture
伊 fattura
➡B/L＞P88

送り状ともいう。輸出業者が発行する書類で、発送された荷物を説明するもの。通関手続きには不可欠な書類であり、送り状であるとともに納品明細書や請求書を兼ねている。具体的な記載内容は①品名、②数量、③価格、④契約条件、⑤契約単価、⑥請求内訳など。代金の決済や輸入申告なども納品書をもとに行なう。納品書のほか、船積み書類にはB/Lや分析証明書、海上保険証書などがある。

バルクワイン

英 in bulk, bulk wine
仏 vin en vrac
伊 vino sfuso

原義は「大きさ、容量」を意味するが、転じて物流用語では粉体や液体などを包装や瓶詰めせずに積載された貨物を指す。日本では150ℓ以上の容器で輸入されたものと定義されている。バルクで輸入された原酒を国内の製造会社が瓶詰めすることで、製造コストを圧縮することができる。輸入原料（果汁や濃縮果汁を含む）を用いた場合、「輸入ワイン」「輸入ブドウ」「輸入ブドウ果汁」のいずれかで表記される。

パート5 | 流通

B/L

英 bill of lading
仏 bon de chargement
伊 polizza di carico marittima
➡ 納品書>P87

船荷証券とも呼ばれる権利証書。運送人が荷送人との間における運送契約に基づいて荷物を受け取り、船積みしたことを証明する。荷送人の申請により運送人が発行。荷受人が無記載の場合、船荷証券を持参した者が荷受人として受け取ることができる。インボイスによる決済が輸入者により正しく行なわれていても、第三者が船荷証券を提示して正しい運賃を支払うと、荷受人として認められる。

ブティックワイナリー

英 boutique winery
➡ ガレージワイン>P82

中規模で品質志向をもつワイナリーを称した言葉。1970年代にアメリカ・カリフォルニア州で使われるようになった。それまで量産型の生産が一般的であったなか、ロバート・モンダヴィやスタッグス・リープ・ワイン・セラーズなどに代表される、生産規模を抑えて品質を追求する動きがナパ・ヴァレーのワイナリーでみられるようになった。フランス語で「小さな店」を意味するブティックから命名された。

ブドウ園

英 vineyard
仏 vignoble
伊 vignoble

ブドウを栽培する農場。ワインの原料となる醸造用のほか、生食用や加工用のブドウを栽培する農場も含まれる。日本ではブドウ狩りのできる観光農園を意味することが多い。英語圏ではワイナリーと表記する際は他所から原料を調達し、ヴィンヤードと表記する際は栽培から行なっている。アメリカ・カリフォルニア州やオーストラリアなどの栽培、製造が分業化されている地域では、醸造施設をもたずにブドウの供給だけを行なうところもある。

プリムール

仏 primeur
➡ ヌーヴォー>P86

原義は「初めての」あるいは「最初の」という意味。転じて新酒(ヌーヴォー)を指す。また、フランス・ボルドー地方では収穫の翌々年に発売されるワインの予約販売もしくは先物販売を指す。購入者は発売前のまだ値上がりしていないとき、比較的安くワインを購入できるメリットがある。各シャトーは収穫の翌春、ネゴシアンなどの大口顧客向けに熟成中のワインの試飲会を開催する。投機的な動きに拍車をかけるとして、シャトー・ラトゥールは2012年(2011年産)から予約販売を行なわない意向を表明している。

プルーフタグ

英 prooftag
仏 vignette proof-tag
伊 targa prova

偽造防止のためにボトルに貼付されるシール。コピーができない泡模様が描かれている。ブランド保護サービスを専門とする、フランスのプルーフタグ社が開発した。アップル社のスマートフォンにはアプリがあり、シールの画像を読みこむと、その場でワインが本物か偽者かを判別できる。現在、フランスやアメリカ・カリフォルニア州、南アフリカ、カナダのワイナリーが導入している。

マルク・ダシュトゥール

仏 marque d'acheteur

➡コーペラティヴ・ド・マニピュラン＞P83、ネゴシアン・マニピュラン＞P87、レコルタン・コーペラトゥール＞P89、レコルタン・マニピュラン＞P90

略号はM.A.。シャンパーニュの製造者の形態を表わす種別のひとつで、顧客がもつブランドのこと。レストランやホテルが製造会社に委託して造ったプライベートブランドなど。エチケットには顧客名が記載されており、製造会社名は記載されないのが一般的。有名なものとしてはペニンシュラホテルやレストランタイユヴァンはドゥッツ、レストラントゥールダルジャンはR&Lルグラに委託している。

メーリングリスト

英 mailing list
仏 liste de diffusion
伊 indirizzario

ワイナリーが一般顧客に向けてワインを直販する際に用いる予約台帳。アメリカ・カリフォルニア州のカルトワインなどの販路として普及している。ワイナリーとしては顧客の囲い込みができる上、事業者向けの卸値販売をしなくて済むため利幅が高い。消費者も市場での投機的な動きにさらされることがないため、希少性の高い商品も比較的安く購入できる。人気商品の場合、数年先までの販売予約が埋まっていることもある。

メゾン

仏 maison

➡ドメーヌ＞P86、ネゴシアン＞P86

フランス語で「屋敷」を意味する。転じて製造会社を意味する言葉として用いられ、シャンパーニュ製造会社をシャンパーニュ・メゾンと呼ぶ。また、フランス・ブルゴーニュ地方ではネゴシアンがドメーヌの対義語として用いることもある。代表的な事例としてブルゴーニュ屈指とされるルロワ社は、自社栽培原料から手掛けたものはドメーヌ・ルロワを掲げ、他家から原料を調達したものはメゾン・ルロワを掲げる。

リーファーコンテナ

英 reefer container
仏 conteneur Reefer、conteneur réfrigéré
伊 celle refrigerate

➡ドライコンテナ＞P86

船上輸送および前後の陸上輸送で使用されるコンテナで、ワインを良好な状態に保つための温度制御機能をもつもの。壁面は断熱材で覆われ、コンテナ内部に冷却装置を備える。ワインを輸送する際には庫内温度を13〜15℃に設定する。ドライコンテナの3倍ほどの輸送費がかかる。電気料金を抑えるため、冷却装置の電源を入れないなどの問題も指摘されている。100％リーファーと書かれたラベルをボトルに貼り、完全な管理をアピールする例もある。

レコルタン・コーペラトゥール

仏 récoltant coopérateur

➡コーペラティヴ・ド・マニピュラン＞P83、ネゴシアン・マニピュラン＞P87、マルク・ダシュトゥール＞P89、レコルタン・マニピュラン＞P90

略号はR.C.。シャンパーニュの製造者の形態を表わす種別のひとつで、ブドウ栽培農家だけで構成される協同組合。組合員の栽培農家がブドウを供給し、組合が製造を行なう。レコルタン・マニピュランが家族経営であるのに対して、こちらはその協同組合版となる。販売は組合が行なうときもあれば、栽培農家の独自ラベルを貼り、独自ブランドとして行なうときもある。

レコルタン・マニピュラン

仏 récoltant-manipulant

➡コーペラティヴ・ド・マニピュラン＞P83、ネゴシアン・マニピュラン＞P87、マルク・ダシュトゥール＞P89、レコルタン・コーペラトゥール＞P89

略号はR.M.。シャンパーニュの製造者の形態を表わす種別のひとつで、自社畑のブドウのみから製造、販売するもの。フランス国内では、ボルドー地方におけるシャトー、ブルゴーニュ地方におけるドメーヌと同じ形態で、地方全体で5000軒以上存在するといわれる。小規模な生産者がほとんどで、品質は生産者によりまちまち。優れた生産者によるものは大手製造会社に匹敵するほどで、稀少性から投機的な価格となるものもある。

ワイナリー

英 winery
仏 domaine viticole
伊 azienda vinicola

狭義にはワインの醸造施設を指す言葉。一般的には熟成や瓶詰めの設備や、広々としたブドウ畑を備えた敷地も含まれる。大規模な施設の場合には研究室や巨大な備蓄タンクをもつところもある。石油コンビナートのように巨大な工業的ワイナリー、中堅規模で品質志向のブティックワイナリー、極小規模のガレージワイナリーなど生産規模はさまざま。スペイン語ではボデガ（Bodega）と呼ぶ。

ワインコンサルタント

英 wine consultant
仏 œnologue conseil
伊 consulente enologo

ワインの製造、販売に関する提案や指導を行なう職種。20世紀半ばに大学の研究職にある人物などが技術的指導を行なったのがきっかけ。1990年代になると専門職種として確立されていった。世界的に多くの顧客をもつ者も現れ、飛行機に乗って世界を駆けめぐる様子からフライング・ワインメーカーと呼ばれた。技術水準の底上げに功績はあるものの、ワインの個性が失われて一様のスタイルになるとの批判もある。

Glossary of
500 Wine Terms
~Handy Edition for
All Professionals and
Wine Lovers~

Part

6

「サービス」

Service

パート6　サービス

エチケット

英label
仏étiquette
伊etichetta

ボトルに貼られた**ラベル**のこと。もともとは席の序列などを記した席次表が転じて礼儀作法を、あるいは荷物に貼付して中身が何であるかを記した荷札を表わすようになった。エチケットはワインの品質保証であり、さまざまな規制が行なわれている。記載される情報としては①銘柄、②収穫年、③生産地、④生産者、⑤容量、⑥アルコール度数などがある。

乙女のため息
[おとめのためいき]

英maiden's sigh
仏soupir de dame
伊sospiro della ragazza

シャンパーニュの栓のエレガントな開け方をたとえた言葉。日本独特の表現。ポンと音を立てて栓を抜くと吹きこぼれる恐れが高いので、スパークリングワインは静かに栓を開けるのが基本となっている。また、勢いあまって栓が飛ぶと、怪我や破損などの事故も起こりやすい。サービスナプキンなどで栓が飛ばないように覆ってコルクを押さえ、瓶を回す。栓が浮き上がってきたところで、栓を押し倒すようにすると、内圧が少しずつ抜けて「ため息」のように開けられる。

キャプシュール

英capsule
仏capsule
伊capsula

瓶口に被せてある筒状の皮膜。封筒を閉じるときにロウで封印をした習慣から、瓶口をロウで固めることで、そのワインの品質保証を行なったのが始まり。ロウは剥がすのに手間がかかることから、金属製やプラスチック製が使われるようになった。1980年代までは鉛製が普及していたが、廃棄処理の問題からアルミ製などに置き換わっている。また、ダイオキシンが発生源とされるポリ塩化ビニルも、ポリスチレンなどに置き換わっている。現在もロウをしようする生産者もある。

空気接触
[くうきせっしょく]

英aeration
仏aération
伊aerazione
➡デカンタ>P95

還元的な状態にある若いワインをデカンタに移し替えることで、空気との接触による酸化を促進し、風味を改善すること。抜栓だけでは瓶口の液面が狭いため、数時間は変化がないといわれる。空気接触による効果として①還元的な影響が弱まる、②第1アロマが強まる、③第2アロマが弱まる、④樽香が強まる、⑤複雑性が増す、⑥味わいが広がりバランスがよくなる、⑦渋みが心地よい印象となるなどが挙げられる。

クリスタルガラス

英crystal glass
仏verre en crystal
伊cristallo
➡ソーダ石灰ガラス>P94

酸化鉛を添加した鉛ガラスのひとつで、透明度と屈折率が高く、水晶(クリスタル)のように輝くことから命名された。溶解温度が低く成形しやすいことから、高級食器や宝飾品に使われる。酸化鉛の含有率が24％以上のものをクリスタル(レッドクリスタル)、12％以下のものをセミクリスタルと呼ぶ。通常使用においては鉛の溶出はないとされるが、廃棄処理などの問題から、代わりにチタン化合物などを使った無鉛クリスタルガラスも普及し始めている。

サービスナプキン

英 waiter's cloth
仏 liteau/torchon
伊 tovagliolo

給仕やソムリエがサービスのときに持つナプキン。熱い皿を持つときに使用したり、ワインや水の滴を拭き取るときに使用したりする。すぐに取り出せるように、ジャケットの内ポケットやエプロンのポケットに入れておく。清潔感を心がけるために、ダスター（台布巾）としては使わない。簡易に済ませる際には、客が膝にかけるテーブルナプキンとして使うこともある。

サーベラージュ

英 sabering
仏 sabrage
伊 sabrage

サーベル（剣）でシャンパーニュなどのスパークリングワインの瓶口を切り落とすこと。**シャンパンサーベル**とも呼ぶ。19世紀フランスのナポレオン軍で流行したのが始まりといわれる。実際には切り落とすというより、瓶の形状に沿ってサーベルを振り抜き、瓶口の膨らんだ部分に当てると、瓶の内圧によって瓶口が吹き飛ぶというもの。切り落とすのではないので、サーベルは刃付けを行なっていなくてもよい。

シャンパンファイト

英 champagne fight
仏 douche au champagne
伊 champagne fight

F-1競技の表彰式をはじめ、スポーツの祝勝会などでシャンパーニュ（あるいは発泡性アルコール）をかけあって喜びあう行為。**シャンパンシャワー**や**ヴィクトリーシャワー**とも呼ばれる。シャンパーニュが勢いよく噴き上がるのを気に入ったフランス皇帝ナポレオン・ボナパルトが戦勝記念に行なったのが始まりといわれる。20世紀半ばにはシャンパーニュ製造会社が大規模イベントに協賛するかたちで普及するようになった。

シャンブレ

英 room temperature
仏 chambré
伊 chambre、temperatura della stanza

室温と訳され、およそ16～18℃に相当する。語源はフランス語の「部屋（chambre）」。フルボディの赤ワインを愉しむのに最適とされる温度帯。一般的にデーセラーは12～14℃に設定されているため、室温に上げるためにはしばらく待たなければならない。緊急的に室温に上げるためには、湯煎（20℃以下のぬるま湯）にすることもある。また、やや低めの温度帯（12～16℃）にすることを**フレ**（frais）、冷やすことを**フラッペ**（frappé）と呼ぶ。

食後酒
[しょくごしゅ]

英 digestif
仏 digestif
伊 digestivo

➡ 食前酒＞P94

食事の後に余韻を愉しむために飲むアルコール飲料。コニャックやカルヴァドスなどのブランデーのほか、ウイスキーやグラッパなどが一般的で、アルコール度が高く芳醇なものが好まれる。また、甘めのカクテルなども食後酒に含まれる。ワインでは貴腐ワインやアイスワインなどが頻繁に使われてきた。近年は「〆（しめ）シャン」と称して、シャンパーニュでリフレッシュするのも人気になっている。

パート6　サービス

食前酒
[しょくぜんしゅ]

英 apéritif
仏 apéritif
伊 aperitivo

➡食後酒>P93

食事の前に飲まれるアルコール飲料の総称。シャンパーニュやシェリー、カクテルなどがよく使われる。食欲増進や会話を弾ませる目的で飲むため、アルコール度や甘みが抑えめのものが一般的。19世紀頃にフランスで始まったといわれている。ラテン語の「開く（aperire）」が語源。フランス農水省は食前酒を普及させるために、6月第1木曜日を「アペリティフの日」と定め、2004年から世界各国でイベントを開催している。

ソーダ石灰ガラス
[そーだせっかいがらす]

英 soda-lime glass
仏 verre sodocalcique
伊 vetro soda lime

➡クリスタルガラス>P92

ガラスのなかでも材料が入手しやすく安価である上、化学的耐久性や成形性にも優れることから、板ガラスやガラス製品などに広く使われており、ガラスの総生産量の40％を占める。ソーダガラスとも呼ばれ、珪砂（SiO_2）や炭酸ナトリウム（Na_2CO_3）、炭酸カルシウム（$CaCO_3$）を混合、溶解してつくる。ソーダ石灰ガラスは鏡面性に優れるため、クリスタルガラスに比べて表面積が小さくなり、香りが立ちにくいとされ、おもに低価格のガラス食器で普及している。

ソムリエナイフ

英 waiter's knife
仏 couteau de sommelier
伊 cavatappi da sommelier

➡ワインオープナー>P96

ワインオープナーのひとつで、ソムリエなどプロフェッショナルが愛用している道具。全長10cmほどで携帯性に優れ、多彩な機能が備えられている。備えられている機能としては①キャプシュールを切るナイフ、②コルクに突き刺すスクリュー、③コルクを引き上げる梃子（王冠をはずすこともできる）がある。一般的に金属製であるが、高級品ではグリップ（シャフト）が木製や水牛の角であったりする。

テイスティンググラス

英 tasting glass
仏 verre à dégustation
伊 bicchiere da degustazione

試飲などに使われるグラスで、小ぶりでチューリップ型のもの。国際基準協会（ISO）が形状や寸法、材質などを定めており、これに従ったものをISOグラスもしくは国際規格グラスと呼ぶ。一般的には無色透明だが、香りや味わいへの集中力を高めるという目的から黒色ガラスのブラインドグラスも発売されている。試飲用となっているが、安価で丈夫なことから手軽なワイングラスとして飲食店や家庭で普及している。

デーセラー

英 day cellar
仏 cave du jour
伊 cantina di giorno

飲食店などでダイニングルームのそばに置かれる冷蔵庫型のセラー。設備が充実した飲食店では地下などにある大きなセラーでワインを備蓄し、頻繁に注文を受けるワインはデーセラーに保管することで、注文にも迅速に対応できるようにしている。冷却方式の違いによる特徴としては、①コンプレッサー式は振動や音が出るものの故障が少なく安定している、②アルコールの蒸発を利用した気化式は振動や音がないものの結露や凍結の恐れがある。

デカンタ

英decanter
仏décanteur/carafe
伊caraffa

➡空気接触＞P92

ワインを瓶から移し替えるためのガラス容器。また、移し替える作業をデカンティング（英）やデカンタージュ（仏）と呼ぶ。機能や意匠によりさまざまな形状のものがある。一般的な選択基準としては、液面が小さくなる細みの形状のものは空気接触が低くなるので古いワイン、逆に液面が大きくなる幅広の形状のものは空気接触が高くなるので若いワインに使う。デカンティングの方法も古いワインは空気とあまり触れないようにやさしく行ない、澱を残す。若いワインは勢いよく注ぐ。

ナビュコドノゾール

英nebuchadnezzar
仏nabuchodonosor
伊nabucodonosor

シャンパーニュで使用される最も大きな瓶の呼び名で、容量は1万5000ml（15ℓ）。エルサレムを制圧し、栄華をきわめたバビロニア王の名前に由来する。映画『マトリックス』で主人公たちが乗る船ネブカドネザルも同じ人名に由来する。瓶内二次発酵は普通の瓶（750ml）で行ない、出荷の際に移し替える。内圧に耐えるために瓶は肉厚で丈夫につくられており、重量は10kgほどになる。中身を含めた総重量は25kgに及ぶ。

パニエ

英wine basket
仏panier
伊paniere

ワインボトルを傾けておくための籐製もしくは金属製のかご。ボトルを傾けることで澱を瓶底の一箇所に集めることができる。澱の位置を把握するために、ボトルのラベルを上に向ける。抜栓作業もパニエに入れたままで行ない、注ぐときにも澱が舞わないようにできるだけ動きを控えめにする。赤ワインでもボルドーではデカンタに移し替えるが、ブルゴーニュでは移し替えをせずに直接グラスに注ぐことが伝統的なサービスである。

フレンチ・パラドクス

英french paradox
仏paradoxe français
伊paradosso francese

フランス人は喫煙率が高く、飽和脂肪酸が豊富に含まれる食事を摂取しているにもかかわらず、冠状動脈性心臓病に罹患することが比較的低いという現象。ボルドー大学のセルジュ・ルノー博士が発表したもので、1991年にアメリカのテレビ番組『60 Minutes』で紹介された後に赤ワインの消費量が44％も増加した。その後、WHO（世界保健機構）はフランスにおける心臓病の発生率が過小評価されている可能性を指摘し、因果関係が実証されていないとした。

ミュズレ

英plaque
仏plaque de muselet
伊capsula per gabbietta

シャンパーニュをはじめとするスパークリングワインのコルクの上に被せてある王冠。フランス語で「口を封じる」が語源。コルクに王冠を被せ、口金（針金）で結わく。それまでは直接コルクを紐で結わく、もしくは金属製のたがをはめていた。シャンパーニュ製造社のジャクソン社が開発し、特許を取得した（1844年）。各社が独自の意匠や絵柄を施していたりするので、コレクションにしている愛好家もいる。

パート6　サービス

リンス

英rinse
仏avinage
伊sciaqquatura

グラスを複数のワインで使いまわす際、次に飲むワインですすぐこと。**共洗い**とも呼ぶ。化学分析の準備作業がワインに転用された。水ですすいだだけのグラスでワインが薄まるのを防ぐため。イタリアの高級飲食店では、グラスに付着している微量な風味などを除去するため、磨き上げたグラスにワインを注ぐ際も共洗いする習慣がある。すすいだワインは捨てるのが一般的であるため、すすぐ際のワインの量は飲む量に比べて少なめで行なう。

レストラン

英restaurant
仏restaurant
伊ristorante
➡クリスタルガラス>P92

店内で客に食事を提供する店舗。フランス語の「回復させる（restaurer）」が語源。フランス革命後、貴族に仕えていた料理人が街に店を構えるようになって発展した。狭義のレストランは**グラン・メゾン**（grand maison）と呼ばれる高級店を意味する。料理を重視した小料理屋といった**ビストロ**（bistro）や**トラットリア**（trattoria）、庶民的な食堂や居酒屋といった**ブラッスリー**（brasserie）や**オステリア**（osteria）などがある。グラン・メゾンは予約が必要で、男性はジャケットとタイの着用を求められるのが一般的。

ワインオープナー

英wine opener
仏tire-bouchon
伊cavatappi
➡ソムリエナイフ>P94

ワインボトルのコルク栓を抜く道具。代表的なものにいわゆるスクリューにグリップがついただけのT字型、携帯性に優れるソムリエナイフがある。そのほかにもハンドルを回すだけで簡単にコルクを抜けるハンドル式やレバー式、コルクに穴を開けないで抜ける二枚羽式などがある。ハンドル式やレバー式は梃子（てこ）を応用しており、筋力やコツがなくても開けやすいため、初心者や女性に人気がある。

ワインクーラー

英wine cooler
仏seau à vin
伊secchiello del ghiaccio

ワインを冷やすためのバケツ。氷水や冷水を入れ、そのなかに瓶を浸して使う。一般的には白ワインを冷やすときに利用するが、日本の夏季には赤ワインも冷やす方が愉しみやすい。氷だけを入れて冷やすより、瓶の肩口まで浸かるまで入れた氷水の方が冷えやすい。また、最近はバケツがいらず、手軽ということで、冷却材を瓶に被せるアイスジャケット式も人気が高まっている。

Glossary of
500 Wine Terms
~Handy Edition for
All Professionals and
Wine Lovers~

Part

7

「試飲」

Tasting

パート7　試飲

青ピーマン

英 green bell pepper
仏 poivron vert
伊 peperone verde

➡ エフォイヤージュ>P8、エルバセ>P100

芳香化合物のひとつである**メトキシピラジン**を原因とする香り。フランス・ボルドー地方で造られたカベルネ・ソーヴィニヨンやソーヴィニヨン・ブラン、ロワール地方のカベルネ・フランやソーヴィニヨン・ブランで一般的に現れる。以前は品種の特徴香として理解されていたものの、果実の成熟度により現れることが解明された。収量制限やヴェレゾン時期の除葉により抑制することができる。

アセトアルデヒド

英 acetaldehyde
仏 acétaldéhyde
伊 aldeide acetica

有機化合物の一種。常温では無色の液体で、独特の刺激臭がある。自然界では植物の正常な代謝過程で生成され、果実などに多く含まれている。人体内では、肝臓で**アルコール脱水素酵素**がエチルアルコールを酸化することで生じる。さらにアセトアルデヒドは**アルデヒド脱水素酵素**により酢酸となり、最終的には水と二酸化炭素に分解されて、体外へ排出される。体内にアセトアルデヒドが残っていると、**二日酔い**といわれる吐き気や頭痛などの症状が現れる。

アルコール

英 alcohol
仏 alcool
伊 alocol

➡ エチルアルコール>P39

ワインに含まれるアルコールのほとんどはエチルアルコール（エタノール）で、一般的には10〜15％である。約18g/ℓのブドウ糖が発酵すると1％のエチルアルコールになる。わずかに含まれる高級アルコール（炭素分子が3個以上もつ）は、そのままの形あるいは酸と結合したエステルの形で存在し、ワインの風味に大きな影響をもたらす。メチルアルコールは健康に害を及ぼすため、食品衛生法で規制されているが、一般的なワインに含まれる量では害はないとされる。

アルコール度数

英 alcoholic strength
仏 degré alcoolique
伊 grado alcolico

アルコール飲料に対するエチルアルコールの体積濃度を百分率（％）で表示したもの。ほとんどの国で標準的に使われている。表記としては【●％】【●度】【●％ alcohol by volume】【●％ ABV】【●％ volume】【●％ vol.】となる。実際に含有されるアルコール度数を**既得アルコール**と呼ぶのに対して、果汁に含有される糖を完全に発酵させた際に達するアルコール度数を**潜在アルコール**と呼ぶ。

アロマ

英 aroma
仏 arôme
伊 aroma

➡ ブーケ>P111

若いワインに現れる香りの総称。アロマはいつの段階で生じたかで便宜的に3種類に分類される。ブドウの段階ですでに備わっている、あるいは潜在的に備わっている特徴的な香りが第1アロマ、発酵やマロラクティック発酵の段階で生成された香りが第2アロマ。そして以前は熟成したワインに現れる香りをブーケと呼んでいたが、樽熟成や瓶熟成の段階で生成された香りを第3アロマと呼ぶようになってきた。

アロマティック品種

英 aromatic variety
仏 variété aromatique
伊 varietà aromatica

芳香性の強い品種、あるいは発酵前にワインと同じ特徴的な芳香をもつ品種。マスカットやゲヴュルツトラミネール、ヴィオニエなどが代表的。それに対して芳香性の弱い品種をノンアロマティック品種、発酵前には品種の特徴的な芳香が出ていないものをセミアロマティック品種と呼ぶ（両者をノンアロマティック品種とすることもある）。ノンアロマティックにはシャルドネなどがあり、セミアロマティックにはソーヴィニヨン・ブランがある。

アンズ/モモ

英 apricot/peach
仏 abricot/pêche
伊 albicocca/pesca

アンズやモモは豊潤という言葉に象徴されるような、密度や鋭角さとは違った、丸みを帯びた豊かで華やかな香りが特徴である。酢酸イソアミルなどのさまざまなエチルエステルが関わっていると考えられる。また、種子が殻に包まれている核果はベンズアルデヒドが香りの成分である。アンズはフランス・ボルドー地方のセミヨンやローヌ地方のヴィオニエから造られた白ワインに典型的に感じられる。一方、モモは温暖地で造られたシャルドネなどに感じられる。

アントシアニジンモノグルコシド

学 anthocyane monoglucoside
→アントシアニン＞P99、フォクシー・フレーバー＞P111

色素成分アントシアニン類はアントシアニジン類にグルコースが1個、あるいは2個結合した化合物。ヨーロッパ・中東系のヴィティス・ヴィニフィラ種に含まれるアントシアニン類はアントシアニジン類にグルコースが1個のアントシアニジンモノグルコシドのみであるのに対して、北米系統のものはモノグルコシドとジグルコシド（2個のもの）が混在するため、アントシアニン類の構造を分析することで系統の判別を行なうことができる。

アントシアニン

英 anthocyanidin mono-glucoside
仏 anthocyane
伊 antocianine、antociano

黒ブドウをはじめとして、植物に広く含まれる**色素成分**。赤ワインの色合いは黒ブドウの果皮に含まれるアントシアニンが溶出したもの。ポリフェノールのひとつフラボノイド類のうち、色（黄色～赤色～青色）を呈するものをアントシアニン類と呼ぶ。アントシアニンはアントシアニジンにグルコースが1個ないし2個結合している。近年はアントシアニンの組成を分析することにより、ブドウの両系統の判別が可能となっている。

イチゴ

英 strawberry
仏 fraise
伊 fragola
→マセラシオン・カルボニック＞P56

軽快で若いワインをたとえるときに用いられる表現用語。赤系果実の代表であるものの、イチゴはワインの世界では品位が高いとは思われていない。発酵後に生じるフラネオールを原因とする香り。フランス・プロヴァンス地方の軽快なロゼワインをはじめとして、ブルゴーニュ地方やアメリカ・カリフォルニア州の気軽なピノ・ノワールに感じられる。また、イチゴキャンディはマセラシオン・カルボニックによるボージョレの典型的な香りとされる。

ヴァニリン

英 vanillin
仏 vanilline
伊 vaniglina、vanillina

ヴァニラの香りの主成分であり、19世紀にヴァニラビーンズから抽出されたことから命名された。化学名は4-ヒドロキシ-3-メトキシベンズアルデヒド。樽材に多く含まれている高分子**フェノール化合物**のリグニンは分解されるとヴァニリンなどになる。樽熟成を経たワインは樽材からリグニンが溶出し、ヴァニリンに分解されるため、甘く魅惑的な芳香になる。

ヴィンテージチャート

英 vintage chart
仏 carte des millésimes
伊 tabella d'annata

各地で造られたワインの品質を収穫年ごとに評価し、一覧にまとめたもの。制作者により評価は異なるものの、おおよそは天候によるブドウの作柄を基準にしている。温暖な年ほど評価が上がる傾向にある。フランスの2003年に見られるように気温が暖かすぎるあまり、深みがなくてもアルコール度が十分であれば高評価になるという指摘もなされている。産地や収穫年の全般的な傾向とは違い、個別の生産者の品質にはあてはまらないこともある。

エキス分

英 dry extract
仏 extrait sec
伊 estratto secco

酒類を加熱した際に蒸発せずに残留する成分(不揮発性成分)。酒石酸をはじめとする有機酸のほか、タンニンやアントシアニンなどのフェノール化合物、糖類、窒素成分、無機成分が含まれる。日本においては、15℃のとき100cm^{3}の酒類に含まれる不揮発性成分1gが1度と定義されている。公的には単位は「度」を用いるが、アルコール度数が「%」で表記されることから、慣習的に%を使うこともある。

エステル

英 ester
仏 ester
伊 estere

アルコールと酸が縮合反応で得られた有機化合物。閾値(いきち)が低いものが多く、わずかでも特徴的な香りを呈する。果実類の香りはエステルが主成分で、洋ナシには酢酸プロピル、リンゴや**バナナ**の酢酸イソアミル、**パイナップル**やイチゴの酪酸エチルなどの揮発成分が含まれる。ワインでは300種類以上のエステルが含まれていることが確認されている。酢酸エチルのように過度に含まれると、除光液、ビネガーにたとえられ、欠陥とみなされるものもある。

エルバセ

英 herby
仏 herbacé
伊 erbaceo

草っぽい、ヴェール(vert=緑)、青臭い、アーティチョークともいわれる植物的な香り。未熟なブドウから造られたワインに出やすい。冷涼産地のワインに出やすいと思われているが、アメリカ・カリフォルニア州やオーストラリアでも糖度の上昇(酸度の減少)が早すぎるため、収穫を延ばせずに、ユーカリにたとえられる草っぽい風味が出やすい。昼夜較差の大きな土地に畑を設営する、ヴァンダンジュ・ヴェールを行なってブドウの成熟を促すなどにより抑制する。

オフフレーバー

英 off flavour
仏 aroma stantio / aroma sgradevole
伊 aroma stantio / aroma sgradevole

➡ フェノレ＞P111、ブショネ＞P111

ワインに含まれる成分の化学変化、あるいは微生物汚染などにより生じる**欠陥臭**。従来は産膜酵母や酢酸菌による酸化劣化に伴って生じる酢酸エチルや酢酸、アセトアルデヒドなどが指摘されていた。また、コルク不良に伴って生じるブショネもよく知られていた。近年はこれらの著しい劣化は減ってきており、フェノレと呼ばれる微生物汚染に伴うフェノール系のオフフレーバーが注目されている。

果糖
[かとう]

英 fructose, fruit sugar
仏 fructose
伊 fruttosio

➡ ブドウ糖＞P111

フルクトースともいう。単糖類のひとつで、グルコースと化学式 ($C_6H_{12}O_6$) は同じだが、構造が異なる異性体。果実類やハチミツなどに多く含まれ、ハチミツの4割を占める主成分。一方、ブドウ糖と結合した**ショ糖**（**スクロース**）という二糖類は砂糖の主成分である。酵母やバクテリアによるアルコール発酵で、果糖はエチルアルコールと二酸化炭素に分解される。甘みはショ糖の約1.7倍と単糖類では最も強く、食品工業では清涼飲料水や菓子類の甘味料として使用されている。

ガラクツロン酸

英 galacturonic acid
仏 acide galacturonique
伊 acido galatturonico

➡ 粘液酸カルシウム＞P109

ブドウに由来する有機酸のひとつ。糖類のひとつガラクトースが酸化して得られた誘導体の主鎖末端、ヒドロキシメチル基 ($-CH_2OH$) がカルボキシル基 ($-COOH$) に変わったもの。細胞壁や中葉に含まれる複合多糖類のペクチンは、ガラクツロン酸が重合したポリガラクツロン酸が主成分。ガラクツロン酸は貴腐ワインの熟成中に酸化されて粘液酸となり、カルシウムと結合した粘液酸カルシウムとして析出する。粉砕米に似た白色の沈殿物で、人体には無害。

ガリーグ

英 garrigue flavour
仏 garrigues
伊 nota di garrigue

地中海沿岸地域の灌木地帯を表わす言葉。強い太陽光にさらされた石灰岩の丘陵に茂るタイムやローズマリー、ローリエなどの野性ハーブの香り。地中海沿岸の暑い地域で造られたワインをたとえるときに用いられる。チモールやカルバクロール、ユーカリプトスなどを原因とする香り。フランス・ラングドック地方をはじめとする南フランスの赤ワインのほか、オーストラリアなどに感じられる。

柑橘類

英 citrus (fruit)
仏 agrume
伊 agrume

爽やかな果物として親しまれており、一般的にはオレンジやミカンを思い浮かべるものの、ワインの表現としてはグレープフルーツやレモンを用いることが頻繁。グレープフルーツの特徴はメルカプトヘキサノールによる香りであり、パッションフルーツにも同じように含まれ、フランス・ボルドー地方の上質なソーヴィニヨン・ブランに感じられる。レモンはドイツやフランス・アルザス地方のリースリングなど冷涼な産地のワインに感じられる。

パート7 試飲

還元臭
[かんげんしゅう]

英 reduct smell
仏 odeur de réduit
伊 gusto di ridott

化学的に明確な定義はないものの、不快な臭いを表わす際に広く使われる用語。還元的な環境で管理されたワインで硫化水素が生じることがあることから、一般的には腐卵臭、温泉臭、マッチを擦ったときの香りなどの含硫化合物の香りを指す。また、赤ワインではインクや血、鉄、鉛などの金属的な香り、白ワインでは石灰や火打石などの鉱物的な香りにもたとえられる。

甘草
[かんぞう]

英 licorice
仏 réglisse
伊 liquirizia

マメ科の多年草で、おもに根を乾燥させたものが生薬や甘味料として用いられる。独特の風味(薬を思わせる香り)をもち、リコリス菓子やソフトドリンク、医薬品などの原料となる。力強い赤ワインによく用いられる表現で、フランスのボルドーや南西地方のメルロの割合が高いものでは黒系果実の風味とともに感じられる。また、同じくローヌ地方のシラーやプロヴァンス地方のムールヴェドルでは熟成した赤ワインなどに感じることができる。

気圧
[きあつ]

英 air pressure
仏 pression atmosphérique
伊 pressione atmosferica

➡ スパークリングワイン>P72

気体の圧力のこと。空気にも重さがあり、海面にかかる大気圧を1気圧とした。気象情報では以前、mb(ミリバール)やmmHg(水銀柱ミリメートル)が使われていたが、現在は国際単位系のhPa(ヘクトパスカル)が使われる。1気圧は101,325Paに相当する。また、1気圧は1bar(バール)に指数値が近いことから、日常的には気圧の代わりにバールを使うこともある。O.I.V.では20℃で3.5bar以上の炭酸ガス圧をもつものをスパークリングワインと定義している。

キノコ

英 mushroom
仏 champignon
伊 funghi

熟成を経たワインに用いられる表現用語で、高貴なワインの褒め言葉としてトリュフがある。ほかにもアミガサタケ(モリーユ)、アンズタケ(ジロル)、マッシュルームなどが用いられる。フランスのボルドーやイタリアのバローロなどの重厚な赤ワインが熟成を経た後に現れる。フランス・ブルゴーニュ地方の白ワインやシャンパーニュでも古酒に感じられることがある。スー・ボワとともに感じられることがほとんど。強すぎる場合は欠点とみなされることもある。

揮発酸
[きはつさん]

英 volatile acidety
仏 acidéte volatile
伊 acideta volatile

➡ オフフレーバー>P101、酢酸>P104

VAと略すこともある。常温常圧時に揮発する酸。ワインに含まれる有機酸のうち、酒石酸やリンゴ酸は特徴的な香りはないが、揮発酸はわずかでも特徴的な香りを呈する。ワインに含まれる揮発酸の9割は酢酸で、ほかに葉酸やプロピオン酸などがある。閾値(いきち)ギリギリでは香りに複雑さや厚みをもたらすものの、それを超えると不快臭となる。通常の醸造では閾値以下となるものの、雑菌汚染されたときなどは大きく超えてしまう。日本では規制値がないものの、世界的には販売上の規制値が課せられていることが多い。

キャラメル

英 caramel
仏 caramel
伊 caramella

➡ コニャック>P68

バニュルスやマデイラなどの酒精強化ワインの香りを表わす表現。また、フランスのソーテルヌなどの貴腐ワインにおいても発酵により生じる香りとされ、第2アロマに分類される。通常の白ワインにおいてはピークを過ぎて老化が始まった兆候とされる。赤ワインにおいてはメルロから造ったワインに感じられるほか、イタリアのバローロにはより焦げた印象をもつタールの香りがあるといわれる。コニャックではキャラメルを添加して風味を整えることが認められている。

凝縮感
[ぎょうしゅくかん]

英 condensation
仏 concentration
伊 condensazione

濃密さを表わす試飲用語のひとつ。科学用語の相転移（気体が液体になって濃密になる）から試飲用語に転じられたとされる。1980年代頃から試飲用語として頻繁に使われるようになった。アメリカ市場では最も重視される価値のひとつである。一部の評論家は凝縮感のあるワインを高く評価するため、市場価格も高くなりやすい。そのようなワインを食事ではなく、試飲のためのワインと批判する声もある。

クエン酸

英 citric acid
仏 acide citrique
伊 acido citrico

有機酸のひとつで、柑橘類や梅干などに含まれる。ブドウにも含まれているが、通常は有機酸の5%と少ない。微生物に利用されやすく、乳酸や酢酸に転換される。醸造現場では酢酸の生成を恐れ、酸度調整に添加されることはあまりない。白ワインやアメリカのブラッシュワイン（ロゼワイン）では風味の向上が確認されており、スタビライゼーションの後に少量添加することもある。

黒スグリ

英 blackcurrant
仏 cassis
伊 ribes nero

➡ 青ピーマン>P98

漢字では黒酸塊と書く。黒系果実は赤系果実に比べて濃密で、見透かせないほどの紫色をした、より上級のワインにたとえられる。その成分はまだ明らかではなく、幅広くさまざまなワインの表現で用いられる。フランス・ボルドー地方やローヌ地方、ブルゴーニュ地方、ロワール地方の上質な赤ワインに感じられる。また、**カシスの芽**はより研究が進んでおり、青ピーマンにもたとえられる**メトキシピラジン**を原因とする香りであることが明らかとなっている。

コルドン

仏 cordon

スパークリングワインの液面に浮かび上がった気泡が数珠のようにつながる様子を表わした言葉。シャンパーニュにおいてはキメ細かくなめらかな泡立ちといった、その品質を讃える最高の褒め言葉。フランス語の「ひも」が語源。シャンパーニュのいくつかのブランドは品質の高さを誇示するため、コルドンという名称を掲げたり、瓶に帯やリボンをあしらったりしている。

酢酸
[さくさん]

英 acetic acid
仏 acide acétique
伊 acido acetico

➡ 揮発酸>P102

有機酸のひとつで、食酢に多く含まれており、強い酸味と刺激臭をもつ。ワインのなかにもわずかに含まれているものの、通常の醸造では問題となるほどには含まれていない。エチルアルコールを酸化して酢酸を産生する菌類(酢酸菌)は自然界のあらゆるところに存在するので、ワインなどのアルコール飲料を大気中に放置すると、自然に酢ができる。ワインを熟成中の樽に空隙ができたときなど、好気性の酢酸菌が増殖して酢酸汚染が起きる。

酸化臭
[さんかしゅう]

英 oxidized smell
仏 odeur d'oxydation
伊 gusto di spunto

➡ アセトアルデヒド>P98、酢酸>P104

オフフレーバーのひとつ。輸送や保管の際に高温にさらされたり、コルク不良から瓶内に酸素が入り込んだりしたことで、また酢酸菌による汚染によりアセトアルデヒドや酢酸、酢酸エチルが生じたことでも起きる。シェリー、マデイラ、シードル、ヴィネガー、接着剤などにたとえられる香り。一般的なワインでは不快臭になるが、シェリーにおける微量のアセトアルデヒドはそのワインを特徴づける香りでもある。

酸敗
[さんぱい]

英 acescency
仏 piqûre acétique
伊 spunto acetico

➡ サッカロミセス・バヤヌス>P43、産膜酵母>P44、酢酸>P104

酒類や油脂などが細菌や熱、水などの作用を受けて酸化あるいは分解し、酸っぱくなるなど風味に変化を生じること。新たに酸が生成されるのではなく、より刺激をもつ酸に変化したため。ワインにおいては酢酸菌の汚染により生じる酢酸エチルや酢酸、アセトアルデヒドが有名。また、産膜酵母のサッカロミセス・バヤヌスが残糖のあるワインに混入すると、液面に皮膜を形成し、品質を損なうこともある。

シェリー香

英 nutty
仏 arôme de sherry
伊 gusto di noce

➡ サッカロミセス・バヤヌス>P43、オフフレーバー>P101、酸化臭>P104

スペインの代表的な酒精強化酒シェリーに特徴的にみられる香り。ローストナッツ、潮にたとえられる。樽貯蔵中に産膜酵母と呼ばれるサッカロミセス・バヤヌスが繁殖することで、エチルアルコールが酸化されてアセトアルデヒドを生じる。シェリーでは特徴香として肯定されるものの、一般的なワインの場合には酸化臭として嫌われる。ただし、長期熟成を経た白ワインやシャンパーニュなどでは、熟成によって生じたものとして肯定的にとらえる。

質感
[しつかん]

英 texture
仏 texture du vin
伊 tessitura

➡ モダンスタイル>P77

ワインのやわらかさやなめらかさを表わす言葉。1980年代頃までは技術的な問題から、赤ワインは若いうちはざらつくような渋みがあり、熟成によりなめらかさが現れてきた。アメリカ市場の拡大とともに、若いうちからもなめらかなワインが求められるようになり、1990年代頃にはミクロオキシジェナシオンなどの技術的な進展もあって、試飲用語としても頻繁に使われるようになってきた。

ジビエ

英 wild game
仏 gibier
伊 selvaggina

野ウサギや鹿、猪、雉、鴨などの野鳥獣類を表わす言葉から転じて、それを思わせる香りを指す。シラーやムールヴェードル、メルロの赤ワインが長期の瓶熟成を経たときに感じられる香り。また、イタリアのブルネッロやサンジョヴェーゼ、ネッビオーロなどの赤ワインでも感じられる。仕留めた野鳥獣の肉を熟成させるときに発する香りは、さまざまな化合物が複雑に絡むため、原因物質は明らかにはなっていない。

ジャスミン

英 jasmine
仏 jasmin
伊 gelsomino
➡ ネコのオシッコ>P109

白い花から発散される力強く魅惑的な香り。エステルのひとつである酢酸ベンジルを原因とする。ジャスミンやクチナシなどの精油の主成分でもあり、香水や化粧水の原料として頻繁に使われる。ときに動物的な雰囲気も感じさせ、**霊猫香（シベット）** の香りにも似る。成熟したブドウから造られたソーヴィニヨン・ブランのほか、ムーラン・ナ・ヴァンなどフランス・ブルゴーニュ地方最高級のボージョレからも感じられる。

収れん作用
[しゅうれんさよう]

英 astringent
仏 astringence
伊 astringente
➡ タンニン>P107

タンパク質を変性させることにより、組織や血管を縮める作用。赤ワインをはじめとするタンニンを含む食品や飲料を口に含むと強い苦みや渋みを感じるのは、タンニンが口腔内の粘膜組織に収れん作用をもたらすため。熟成によりタンニンやアントシアニンなどのポリフェノール類が重合し、色調の変化とともに収れん作用も弱まり、なめらかでやわらかな質感になる。

酒石
[しゅせき]

英 tartar
仏 tartre
伊 tartaro
➡ 酒石酸>P105

ワインのなかに含まれている酒石酸とカリウムが結合した塩で、厳密には**酒石酸水素カリウム**。ワインの樽や瓶にたまり、コルクに付着し、キラキラと輝くことから、**ワインのダイヤ**とも呼ばれる。酒石は重曹を分解する薬剤のひとつとしてベーキングパウダーに添加されるほか、pH調整剤や酸味料、皮のなめし、染色、電気メッキなどの工業用途でも使われる。第二次大戦中には潜水艦探索用ソナーの素材として酒石が使われたため、日本海軍が山梨県でワインの生産を奨励していた。

酒石酸
[しゅせきさん]

英 tartaric acid
仏 acide tartrique
伊 acido tartarico
➡ 補酸>P56、酒石>P105、有機酸>P113

ブドウに多く含まれる有機酸で、ほかの果実に酒石酸を多量に含むものは少ない。酒石酸はかたく引き締まった爽やかな味わいがあるため、清涼飲料水などの酸味料として使われる。酒石と呼ばれるワインの沈殿物から発見されたため命名された。酒石酸の量はブドウが成熟する過程では安定しているが、発酵、熟成中はカリウムやカルシウムと結合して酒石となるため、徐々に減っていく。熟成されたワインでは最初の3分の2程度という報告もある。

パート7 試飲

スー・ボワ
- 英 undergrowth
- 仏 sous-bois
- 伊 sottobosco
- ➡ ブーケ>P111

瓶熟成を経たことにより生じるブーケ（第3アロマ）で、還元的な状態における良好な熟成を表わす言葉。「木の下」という意味から「森の下草」と意訳される。同じく熟成香として使われる腐葉土、落ち葉、キノコなどに比べ、より複雑な複合的なときに使われる。ゲオスミンを原因とする香り。湿り気を感じさせる表現で、より乾いた表現としては枯れ葉、紅茶などが使われる。

スパイス
- 英 spice
- 仏 épicé
- 伊 speczie
- ➡ ヴァニリン>P100

さまざまな香辛料を表わしており、日常的に使われる辛いという意味ではない。樽熟成に由来するヴァニラや丁子（クローヴ）、シナモン、パン・デピス（シナモン・パン）を思わせる甘く魅惑的な香りがある。また、出自は明らかになっていないものの、カベルネ・ソーヴィニヨンやシラー、ムールヴェードル、タナなどから造られたタンニンの豊富なワインにはコショウの香りがあるといわれる。

スミレ
- 英 violet
- 仏 violette
- 伊 viola

春の森や道ばたで咲く小さな花だが、香りは濃厚である。テルペノイドのひとつであるイオノンを原因とする香り。閾値（いきち）が低く、わずかな量でも感知できる。さまざまな分野で香料の原料としても利用される。フランス・ロワール地方のシノンやブルゴーニュ地方のシャンボール・ミュジニーなどの赤ワインに感じられる。また、ローヌ地方北部のシラーで造られたワインにはコショウや動物的なニュアンスが加わる。

前駆体
[ぜんくたい]
- 英 precursor
- 仏 précurseur
- 伊 precursore
- ➡ アロマティック品種>P99

化学反応において生成されたある物質に対して、その反応の数段階前の物質のこと。ワインに含まれる風味成分がどのような成り立ちをもつのかを研究するなかで注目されるようになった。芳香性が低いと思われていた品種のなかにも、ソーヴィニヨン・ブランのように潜在的能力が高いものが確認された。果汁に含まれる前駆体を発酵中に活性化することで、ワインの芳香性を高めることができるようになってきた。

樽香
[たるこう]
- 英 casky taste
- 仏 goût de fût
- 伊 gusto di legno
- ➡ アメリカンオーク>P38、樽熟成>P49、フレンチオーク>P55

樽でワインを熟成させたときに生じる香り。一部の白ワインや赤ワインは樽熟成を行なうことで、高級感を表現している。新樽を用いた場合、ヴァニリンが多く溶出するためヴァニラの香りが強く現れる。また、材質の違いとしては、アメリカンオークはフレンチオークに比べてオクタラクトンが多く溶出するため、ココナッツミルクの香りが強く現れる。カリフォルニアのジンファンデルはアメリカンオークで熟成させるため、その特徴香ともなっている。

タンニン

英 tannin
仏 tanin
伊 tannico
➡収れん作用＞P105

植物に含まれるポリフェノールのうち、タンパク質や金属イオンなどと結合して難溶性の塩を形成する水溶性化合物の総称。分子量が500から2万ほど。皮をなめす（tanning）際に用いられた物質であることから命名された。タンニンは口に含むと、舌や粘膜のタンパク質と結合し、強い渋みや苦みを感じさせる（収れん作用）。ブドウの種子に多く含まれるため、かもしを行なう赤ワインに多く含まれる。ワインの熟成においては酸化を防ぎ、時間とともに重合して澱として沈殿する。

チェリー

英 cherry
仏 cerise
伊 ciliegia

赤ワインの表現用語として頻繁に用いられる。特徴とされる成分は明らかになっていないものの、種子が殻に包まれている核果はベンズアルデヒドが香りの成分である。フランス・ブルゴーニュ地方の赤ワインに現われる香りであり、チェリーは古典的なタイプで、ブラックチェリーは現代的なタイプで感じられる。また、ブラックチェリーはアメリカ・カリフォルニア州やオレゴン州などのピノ・ノワール、イタリア・ピエモンテ州のバローロなどでも感じられる。

調和
[ちょうわ]

英 harmonious
仏 harmonieux
伊 armonico
➡凝縮感＞P103

ワインの品質を讃える表現用語。酸味や果実味、渋み、アルコールといった風味の要素の何かが突出することなく、バランスが取れていて全体としてまとまりを感じるときに用いられる。ワインの重さを表わすボリュームとは関係なく、軽いながらも調和が取れていることもある。近年は果実味やアルコールの強さが注目されることが多く、調和はつかみどころのない球体のような雰囲気があるため、やや軽んじられる傾向があるのも事実。

ディスク

英 disc
仏 disque
伊 disco

ワインをグラスに注いだときの液面を表わす言葉。ディスクにつやがあるワインは健全とされ、濁りや乱反射があるものは健全ではないとされる。ただし、近年は見透かせないほどに濃いワインや無濾過、無清澄で瓶詰めするワインも多く、必ずしもディスクで健康度は計れないともいわれる。また、ディスクの縁は表面張力によりグラスの壁を伝って盛り上がるので、ディスクの厚みによりエキス分の多さを確認することができる。

トースト

英 toast
仏 fumé
伊 pane tostato

ブリオッシュのほか、アマンド・グリエやノワゼット・グリエとともに、シャルドネの樽熟成を経た白ワインに感じられる。フランス・ボルドー地方のペサック・レオニャンなどのソーヴィニヨン・ブランやセミヨンをブレンドして樽熟成を行なったものにも感じられるほか、樽熟成を経ていなくても、シャンパーニュの古いものにも感じられる。赤ワインで用いられるコーヒーにたとえられる香りは、樽材に由来するフルフラールが発酵中にチオール系化合物に変換されたもの。

ドライフルーツ

英 dried fruit
仏 fruits secs
伊 frutta (mista) disidrata

通常の赤ワインにおいては、熟成を経て最盛期を過ぎたものに感じられる香り。ポルトやバニュルスなどの酒精強化酒を除くと、過熟なブドウや特殊な醸造で造られたワインに現れる。赤ワインに用いられるイチジクのほか、ヴァン・ド・パイユなどの甘口白ワインに用いられるデーツ（ナツメヤシ）、プルーンなどが表現用語としてある。コンポート（シロップ煮）、ジャム、タルトなどは同じ加工品でも一般的に用いられる。

トロピカルフルーツ

英 tropical fruits
仏 fruits tropicaux
伊 frutti tropicali

南国の温暖な気候になぞらえて、風味豊かな白ワインに用いられる表現用語。品種特有の香りとしては、ゲヴュルツトラミネールのライチやソーヴィニヨン・ブランのパッションフルーツが代表的。また、アメリカ・カリフォルニア州などのシャルドネはパイナップルにたとえられる。稀に赤ワインでも用いられ、マセラシオン・カルボニックによって造られたボージョレに感じられる**バナナ**は特有の香りとして理解されている。

ナッツ

英 roasted nuts
仏 noix
伊 frutta secca、frutta arrosta

ナッツ類は通常、ローストしたものを表わす。代表的な表現として、フランス・ブルゴーニュ地方やアメリカ・カリフォルニア州などで造られる樽熟成を経たシャルドネに用いられるノワゼット・グリエ（ロースト・ヘーゼルナッツ）やアマンド・グリエ（ロースト・アーモンド）がある。さらに甘みを強く意識させられるときにはマロン・グラッセが用いられる。シェリーやヴァン・ジョーヌなどの産膜酵母の影響を受けたものはクルミの香りにたとえられる。

なめし皮

英 leather、tannage
仏 cuir
伊 pelle conciata、cuoio
➡ フェノレ>P111

ブーケに分類される香り（熟成香）のひとつ。フランス・ボルドーやブルゴーニュ、ローヌ地方などの個性的で力強い赤ワインにおいて長期の瓶熟成によって生じる香り。ブルゴーニュの白ワインの一部においても感じられることがある。革そのものではなく、皮をなめすときに使われるフェノール化合物の薬剤が関与して生じる複雑な香り。エチルフェノールやエチルグアイアコールなどが関与するとみられるが、ある濃度を超えるとフェノレと呼ばれる不快臭となる。

乳酸
[にゅうさん]

英 lactic acid
仏 acide lactique
伊 acido lattico

➡ マロラクティック発酵>P57

糖類を分解するなどして生成される有機化合物で、ヨーグルトやチーズ、バター、漬物、清酒などの加工食品に含まれている。赤ワインあるいは一部の白ワインでは、ブドウに含まれるリンゴ酸を乳酸に分解するマロラクティック発酵が行なわれている。清酒では発酵初期に雑菌が繁殖しないため、生酛（きもと）や速醸酛（そくじょうもと）というかたちで乳酸を利用する。糖類や有機酸などを分解して乳酸を生成する微生物を総称して**乳酸菌**と呼ぶ。

ネコのオシッコ

英 smell of cat urine
仏 odeur d'urine de chat
伊 odore pipí di gatto

➡黒スグリ>P103、ジャスミン>P105

発情期の雄猫が発する香り。長ネギをすりつぶしたような生臭い香り。4-メトキシ-2-メチル-2-メルカプトブタンを原因とする香りで、閾値（いきち）がとても低いため強烈な印象をもたらす。ソーヴィニヨン・ブランの特徴香とされるが、あまり好まれない表現用語で、一般的にはカシスの芽にたとえられる。動物的な香りとしてはほかに、高級な香水原料である**霊猫臭（シベット）**や**麝香（ムスク）**がある。

粘液酸カルシウム
[ねんえきせいかるしうむ]

英 glactaric calcium
仏 acide galacturonique
伊 acido mucico

➡酒石>P105

糖類のひとつガラクトースの酸化により生成される有機化合物で、水に溶けにくいので粘液酸と呼ばれる。貴腐ワインの熟成過程で、ブドウに含まれるガラクツロン酸は酸化されて粘液酸となり、カルシウムと結合して白色砕米状の結晶（粘液酸カルシウム）として析出する。ワインのダイヤと呼ばれる酒石とともに、摂取しても無害なものである。

粘性
[ねんせい]

英 viscosity
仏 viscosité
伊 viscosità

ワインの濃度を確認する指標。濃度が高い液体は表面張力が増す（粘り気が強くなる）ため、濃いワインほど粘り気が強いともいえる。粘性を確認する手順としては①グラスの壁面を伝わる液面の盛り上がりを確認する、②いったん斜めに倒したグラスを元に戻して、グラスの壁面を落ちる滴の大きさ（大きい滴ほど粘り気が強い）を確認する。粘性のことを脚（ジャンブ／jambe）と呼んだり、滴のことを涙（ラルム／larmes）と呼んだりする。

ハチミツ

英 honey
仏 miel
伊 miele

フランス・ボルドー地方のソーテルヌをはじめとする貴腐ワインやロワール地方のヴーヴレ・モワルーなどの過熟ブドウから造った甘口ワインに感じられる香り。辛口白ワインでは若いうちに感じられる花の香りから変化し、熟成を経た後に現れる。若いうちから感じられる場合、状態があまりよくなく、ワインの酸化によって生じたものもある。フランス・ブルゴーニュ地方のモンラッシェをはじめとする最高級のシャルドネの熟成したものではカフェオレやミネラルとともに用いられる表現。

バラ

英 rose
仏 rose
伊 rosa

芳香性の豊かな花のなかでもバラは特別な存在感をもつ。花の色により香りの特徴は違うものの、おもに発酵により生じたフェニルエチルアルコールや酢酸フェニルエチルを原因とすると考えられる。白や黄のバラはマスカットやゲヴュルツトラミネール、ヴィオニエなどのアロマティック品種で感じられる。一方、赤のバラは最高級のブルゴーニュやバローロのワインに感じられる。これらが熟成を遂げるとドライローズのようなかぐわしさをもつ。

パート7　試飲

火打石
[ひうちいし]

英 flint
仏 silex
伊 selce / pietra focaia

➡無機化合物＞P113

フランス・ブルゴーニュ地方のシャブリに特徴的とされる香り。鉱物が擦れた感じ。同じくロワール地方のブイィ・フュメにも同様の香りがあることから、両者に共通するキンメリッジアン地質によるとも一部で考えられていた。土壌に含まれる化石からカキ殻にたとえられることもある。潮、ヨードも用いられる。また、ブルゴーニュの白ワインやボルドー地方サンテミリオン地区の赤ワインにはチョーク（石灰）、またスペインのマンサニーリャは潮の香りがあるといわれる。

ビオ臭

英 organic odor
仏 odeur organique
伊 odore organico

➡ビオディナミ＞P17、自然派ワイン＞P69

ビオディナミをはじめとする、いわゆる自然派ワインに特徴的に現れる香り。技術用語ではなく、販売などで使われる広告的な表現であり、技術的な定義や原因は明確ではない。一般的にビオ臭として理解されているものは、ブレタノミセスによる汚染によるもの、還元状態に伴う硫黄系の香りなどが含まれている。自然派ワインに必ず現れるということでもないので、醸造設備や醸造器具などの衛生管理が十分でないのが原因と考えられている。

ピグメンテッド・タンニン

英 pigmented tannin
仏 anthocyanin-tannin pigment
伊 tannino pigmentato

色素成分であるアントシアニン類とタンニンなどの**フェノール類**が結合したもの。アントシアニン類は不安定な物質であるため数年で退色するのに対して、結合により安定化させることで赤ワインの色は長く保たれる。赤ワインの醸造では白ワインより高い温度で発酵を行ない、果皮の細胞壁を高温とアルコールで破壊して、これらの成分を多く抽出して安定化させる。ロゼワインやシャンパーニュは安定化が十分でないため、赤ワインに比べて退色しやすいと考えられる。

瓶熟成
[びんじゅくせい]

英 bottle aging
仏 vieillissement en bouteille
伊 invecchiamento in bottigloia

➡収れん作用＞P105

瓶詰めされたワインを貯蔵することで、ワインの風味がまろやかで豊かになること。瓶詰め時にわずかに含まれた酸素はワインに含まれる酸化防止剤と反応し、ワインそのものは還元状態で熟成が進行する。タンニンやアントシアニンなどのポリフェノール類が重合することで、赤ワインの色調は紫色から赤色を経て橙色へと変化し、質感はやわらかでなめらかになる。有機酸とエタノールのエステル化などにより風味に複雑性が生じる。

フィネス

英 fineness
仏 finesse
伊 finezza

ワインの格調を讃える言葉。素性の明らかな偉大なワインを称するときに、フィネスがあるというように使われる。明確な定義がなされているわけではないものの、気品、優雅、繊細、バランスなどのニュアンスが含まれる。イギリスなどで古くから使われていた表現用語。シャトー・オー・ブリオンやシャトー・マルゴーなど、フランス・ボルドー地方の最高峰と讃えられるワインなどに対して使われるのが一般的。

ブーケ

英 fragrance
仏 bouquet
伊 profumo

➡ アロマ>P98

熟成したワインに現れる香りの総称。樽熟成や瓶熟成の段階で生じた香りから、デカンタやグラスに移した後に変化した香りまでを表わす。近年は樽熟成や瓶熟成の段階で生じた香りを第3アロマと呼ぶこともある。樽熟成に由来する香りはヴァニラ、トースト、バター、瓶熟成に由来する腐葉土、なめし皮、タバコ、ドライフラワー、キノコなどにたとえられる。

フェノレ

英 phenolic、phenol odor
仏 phénolé、odeur phénolé
伊 fenico、odore fenico

➡ オフフレーバー>P101、ブレタノミセス>P112

微生物汚染によるオフフレーバーのうち、**フェノール化合物**が原因であるときの表現用語。フェノール臭がついたの意味。代表的な表現として馬小屋臭があるほか、白ワインにおけるゴム、カーネーション、赤ワインにおける古い革製品、救急箱などにもたとえられる。以前はさまざまな産地のワインに確認され、低濃度の場合には複雑性に寄与するとして、近年まで肯定的にとらえる生産者も多くいた。

フォクシー・フレーバー

英 foxy flavour
仏 odeur foxé
伊 foxy、odore foxy

➡ ヴィティス・ラブルスカ>P7

北米系統のヴィティス・ラブルスカ属のブドウに特徴的な香り。アントラニル酸メチルという化学物質に由来し、ブドウジュースなどにも確認できる。狐臭（こしゅう）と訳されるが、狐の臭いに似ているからではない。ブドウを狐や鹿が好んで食べたことから、ラブルスカ属のブドウをフォックス・グレープと呼んだ。また、北米系統のブドウは香りが強いことをフォックスという人物が指摘したともいわれる。ヨーロッパでは狐臭は嫌われる。

ブショネ

英 corked
仏 vin bouchonné
伊 sapore di tappo

➡ コルク>P42、スクリューキャップ>P47、オフフレーヴァー>P101

ワインのオフフレーバーのひとつで、コルク臭とも呼ぶ。コルク（ブション）の香りがついたというのが語源。2003年の調査では全世界のワインの3～7％（フランスワインでは5～8％）が汚染されていると報告された。原因として、木材の保存剤からカビの働きによって生じたトリクロロアニソールがよく知られている。また、木材に含まれるリグニンやヴァニリンが分解されて原因となることもある。対策として新世界を中心に代替栓への転換が進んでいる。

ブドウ糖

英 glucose、grape suger
仏 glucose
伊 glucosio

➡ 果糖>P101

グルコースともいう。単糖類のひとつであり、果実類やハチミツに多く含まれる。果糖と化学式（$C_6H_{12}O_6$）は同じだが、構造が異なる異性体。果糖と結合した**ショ糖**（**スクロース**）という二糖類は砂糖の主成分である。動植物の代謝には、エネルギーを獲得する最も重要な物質である。また、酵母やバクテリアの代謝では、エチルアルコールと二酸化炭素に分解されるのを人間が利用したのが発酵である。

パート7 | 試飲

ブルーベリー

英 blueberry
仏 myrtilles
伊 mirtillo

ブルーベリーはポリフェノール類の豊富さから健康食品として認知されている。香りの原因となる成分は明らかではないものの、赤ワインのなかでもタンニンが豊かで骨格のしっかりとしたものにたとえられる表現用語である。見透かせないほどの濃密さをもちながらも、なめらかに仕上げられたフランス・ボルドー地方のポムロールやサンテミリオン地区などの赤ワインをはじめ、ラングドック・ルーション地方やオーストラリアなどの赤ワインに感じられる。

ブレタノミセス

学 brettanomyces
➡ フェノレ>P111

ブレタノミセス属は腐敗酵母のひとつで、オフフレーバーのひとつであるフェノレの原因である。略して**ブレット**とも呼ばれる。汚染により4-エチルフェノールや4-エチルグアイアコールという**フェノール化合物**を生じる。さまざまなところに存在しており、仕込み時に適切な亜硫酸塩の添加で増殖を抑えるほか、樽などの醸造設備の洗浄を十分に行なうことで求められる。

ヘッドスペース

英 head space
仏 ullage
伊 spazio di testa

ボトルに詰められたワインの上にある空間。微量に含まれる酸素によりワインの熟成が進むという考え方から、近年はワインの酸化を防ぐため窒素などの不活性ガスを充填することが一般的になった。熟成に従ってコルクに吸収されるなどして、ワインは目減りしていく。液面の高さによってネック（首）、アッパーショルダー、ショルダーなどと言い分ける。古酒でもできるだけ目減りが少ない方が状態がよいとされる。

ポリフェノール

英 polyphenols
仏 polyphénol
伊 polifenoli
➡ フレンチ・パラドクス>P95、アントシアニン>P99、タンニン>P107

分子内にフェノール性ヒドロキシ基という化合物を複数もつもの。ポリはたくさんの意味。ほとんどの植物に含まれ、その種類は5000種以上といわれる。植物色素のアントシアニン、苦み成分のタンニンなどもポリフェノールのひとつ。ヴィティス・ヴィニフェラのなかでは、カベルネ・ソーヴィニヨンやネッビオーロなどに多く含まれている。抗酸化作用があり、脳血管疾患を防ぐという報告がなされている。

マデイラ臭

英
仏 arôme de madère
伊 odore di madera
➡ オフフレーバー>P101、酸化臭>P104

ポルトガルの代表的な酒精強化酒マデイラに特徴的にみられる香り。キャラメルなどにたとえられる香り。ワインを熟成させる際に加温を行ない、酸化させることで生じる。マデイラでは特徴香として肯定されるものの、一般的なワインでは輸送や保管の際に高温にさらされたことで生じた酸化臭として嫌われる。醸造技術が発達しておらず、若いワインが飲みにくかった時代に、赤道を越える長い航海を経たワインが飲みやすくなったことから開発された技術。

マルメロ

英 quince
仏 coing
伊 cotogna

明るい黄橙色のかたい実は繊維と石細胞が多いため生食には向かないものの、力強く気品にあふれた香りをもつ。**カリン**とは異なる種であるが、日本では一般的にカリンとも呼ばれる。香りはセバシン酸ジエチルが関与していると考えられている。フランス・ロワール地方のシュナン・ブランで造られた白ワインに感じられる。とくにコトー・ド・レイヨンなどの甘口ワインやヴーヴレの中甘口ワインには顕著な香りが感じられる。

無機化合物
[むきかごうぶつ]

英 inorganic compound
仏 composé inorganique
伊 composto inorganico

炭素以外の元素で構成された化合物。試飲用語としては鉱物的な雰囲気を**ミネラル**と呼ぶ。科学的には解明できていないところが多く、土壌のミネラルが直接ワインに影響を与えないという意見があるなか、銅イオンを含む農薬の過剰撒布でブドウに含まれる銅イオンが増えたという報告もある。ワインに含まれる無機成分は知覚できるほどには量の違いがなく、有機酸などのさまざまな成分が影響して、かたい、やわらかいといった印象をもたらすと考えられる。

有機酸
[ゆうきさん]

英 organic acid
仏 acide organique
伊 acido organico

➡ 酒石酸＞P105

炭素を主成分とする有機化合物のうち、酸の性質をもつもの。ほとんどの有機酸はカルボキシル基(-COOH)をもち、**カルボン酸**とも呼ばれる。ブドウのなかには酒石酸をはじめ多量の有機酸が含まれるため、ワインはほかの酒類と違う風味をもつ。ワインに含まれる有機酸にはブドウ由来の酒石酸(1.5〜4.0g/ℓ)、リンゴ酸(0〜4.0g/ℓ)、クエン酸(0〜0.5g/ℓ)などのほか、発酵で生成されるコハク酸(0.5〜1.5g/ℓ)、乳酸(0.1〜3.0g/ℓ)、酢酸(0.1〜0.8g/ℓ)など。

余韻
[よいん]

英 length
仏 longueur
伊 retrogusto

ワインを飲み込んだ後に口中に残る風味。ワインの評価を行なう際の重要な指標のひとつ。余韻を評価する際には強さ、長さ、バランスなどがみられる。高品質なものほど味わいが強く、バランスを保ちながら長く続く。果実味や渋み、うま味などの要素が長く感じられるものは余韻が長いと表現するのに対して、冷涼産地で造られたワインなどで酸味が余韻で支配的なものはキレがよいと表現する。

洋ナシ

英 pear
仏 poire
伊 pera

➡ エステル＞P100

ラ・フランスに代表されるように、洋ナシは仁果類の果物のなかでも最も香り高い。辛口から甘口まで、さまざまな白ワインの表現用語として用いられる。酢酸イソアミルなど、いくつかのエステルなどを原因とする香り。シャルドネから造られたフランス・ブルゴーニュ地方の上級白ワインのほか、ロワール地方のシュナン・ブラン、ヨーロッパ各地で生産されているピノ・グリなどに感じられる。原因のひとつでもある酢酸エチルが強いものは嫌われ、合成接着剤にたとえられる。

パート7 | 試飲

ラズベリー

英 raspberry
仏 framboise
伊 lampone

ラズベリーの爽やかな風味が好まれ、特にヨーロッパで親しまれてきた。明るいルビー色ではつらつとした酸味をもつワインをたとえるときに用いる表現用語。醸造中に生じるパラヒドロキシフェニルブタノンを原因とする香り。ボージョレなどフランス・ブルゴーニュ地方の軽快な赤ワインやロワール地方のブルグイユなどに感じられる。フランスのフルーツブランデーのひとつ、オー・ド・ヴィ・ド・フランボワーズは海苔を思わせる個性的な香りが印象的。

硫化水素
[りゅうかすいそ]

英 hydrogen sulphide
仏 sulfure d'hydrogène
伊 idrogeno solforato

➡ オフフレーバー>P101

揮発性含硫化合物はわずかでも不快な香りに感じられ、硫化水素はそのなかでも最も大きな問題となる。**腐った卵、スカンクの臭い**を呈する。酸化防止剤(亜硫酸塩)や樽燻蒸に用いた硫黄から生じたもののほか、含硫アミノ酸が酵母により分解されたものなど、さまざまな原因が考えられる。低濃度の場合は複雑性を感じさせることもある。硫酸銅の添加により除去もできるが(日本では不許可)、発生を抑えて自然に分解されるのを待つのが一般的。

リンゴ

英 apple
仏 pomme
伊 mela

赤いリンゴや青いリンゴなど6000品種もあり、それぞれに特徴的な香りがある。一般的にはリンゴ酸エチルとカプロン酸エチルを原因とする香り。青リンゴはシス-3-ヘキサノールである。爽やかな白ワインをたとえる表現用語として用いられる。フランスのアルザスやシャブリの辛口白ワインのほか、シャンパーニュでも感じられる。また、**熟れすぎたリンゴ**や**すりおろしたリンゴ**、シードルは酸化臭とされ、醸造学的には嫌われるものの、一部の消費者には好まれている。

リンゴ酸

英 malic acid
仏 acide malique
伊 acido malic

➡ マロラクティック発酵>P57、乳酸>P108、有機酸>P113

有機酸のひとつで、リンゴから見つかったことから命名された。ブドウにも含まれており、一般的には酒石酸の次に多い有機酸である。ほぼすべての赤ワインと一部の白ワインでは、マロラクティック発酵により乳酸に分解されている。爽快感のある酸味をもつため、飲料や食品の酸味料として利用されるほか、pH調整剤や乳化材として食品工業で幅広く利用されている。

ローブ

英 color and aspect
仏 robe
伊 apparenza

ワインの**外観**を表わす言葉。ワインが色合いをまとうという意味から、フランス語の「服」が語源に。外観を確認することで、ある程度まで素性や状態を把握できる。確認事項は①輝き・清澄度、②色合い、③濃度、④粘性、⑤発泡性。白ワインは若いうちは緑色が強く、熟成するにつれて褐色が強くなる(黄緑色→黄色→黄金色→黄褐色)。赤ワインは若いうちは紫色が強く、熟成するにつれて褐色になる(赤紫色→赤色→赤橙色→赤褐色)。

Index 索引

※ 索引は、用語の読み方の五十音順で並んでいます。
※ ページに示した太字の数字は、500の用語が掲載されているページです。
細字の数字は、500の用語の本文内で解説している重要な用語の掲載ページです。

ア

	Page
アイスワイン	**62**
アウスブルッフ	75
アウスレーゼ	**62**
青ピーマン	**98**
赤ワイン	**62**
アジア系統	11
アセトアルデヒド	**98**
圧搾	**38**
圧搾機	**38**
アッサンブラージュ	**38**
アップルジャック	74
アップルブランデー	69,74
甘辛表記	**62**
甘口ワイン	**62**
アマローネ	52,58,66
アメリカンオーク	**38**
アモンティリャード	**63**
亜硫酸塩	44
亜硫酸銅液	8
亜硫酸無添加ワイン	52
アルコール	**98**
アルコール脱水素酵素	39,98
アルコール度数	**98**
アルデヒド脱水素酵素	39,98
アルバリサ	22
アルプス山脈	22
アルマニャック	**63**
アロマ	**98**
アロマティック品種	**99**
アンオークド	**63**
暗渠排水	33
アンズ	**99**
安定化処理	42
アントシアニジンモノグルコシド	**99**
アントシアニン	**99**

イ

	Page
イチゴ	**99**
一文字短梢	**6**
生命の水	64,71
イプロジオン水和剤	**6**
イールド	13

ウ

	Page
ヴァニリン	100
ヴァラエタルブレンドワイン	63
ヴァラエタルワイン	63
ヴァン・ジョーヌ	44
ヴァンダンジュ・ヴェール	6
ヴァンダンジュ・タルティヴ	9,10,66
ヴァン・ドゥー・ナチュレル	64
ヴァン・ド・セパージュ	64
ヴァン・ド・ターブル	64
ヴァン・ド・パイユ	52,66
ヴァン・ド・ペイ	64
ヴァン・ド・リキュール	64
ヴァン・ド・リケル	64
ウイスキー	64
ウイルス	7
ウイルスフリー苗	7
ウイルス病	12,17,18
ヴィエイユ・ヴィーニュ	6
ヴィクトリーシャワー	93
ヴィティス・アムレンシス	6
ヴィティス・ヴィニフェラ	7
ヴィティス・ベルランディエリ	7,11,15
ヴィティス・ラブルスカ	7
ヴィティス・リパリア	7
ヴィティス・ルペストリス	7
ヴィンテージ	65
ヴィンテージ・シャンパーニュ	65
ヴィンテージチャート	100
ヴィンテージ・ポルト	65
ヴェルモット	69,75
ヴェレゾン	8
ヴォージュ山脈	22
ウォッカ	65
右岸・左岸	22
ウドン粉病	8
熟れすぎたリンゴ	114

エ

	Page
エアステス・ゲヴェックス	65
エアステ・ラーゲ	65
エアツォイガーアップフュルング	80
栄養成長	8
A.O.C.	66
A.O.P.	66
エキス分	100
エクステンデッド・マセレーション	53
エクスレ度	38
エクラージュ	47,53
エステル	100
エストゥファ	39
エチケット	92
エチルアルコール	39
エックス・セラー	80
エノログ	80
エノテカ	80
エフォイヤージュ	8
FCL／LCL	80
エルバセ	100

オ

	Page
黄土	22
大樽	39
O.I.V.	81
オーク	39

オークチップ	46	カシスの芽	103
オー・ド・ヴィ	71	果汁濃縮	41
オー・ド・ヴィ・ド・ヴァン	66,73	過熟	9
オー・ド・ヴィ・ド・シードル	66,67	火成岩	24
オー・ド・ヴィ・ド・マール	66	課税数量	81
オー・ド・ヴィ・ド・レグルマンテ	66	カダストロ	24
オクソライン・ラック	39	果糖	101
オステリア	96	門出のリキュール	51
晩腐病	8	カバ	67
遅摘み	9	カビネット	67
遅摘みワイン	66	株仕立て	9
乙女のため息	92	果帽	40
オフフレーバー	101	かもし	40
滓/澱	40	ガラクツロン酸	101
滓引き	40	ガリーグ	101
卸販売	81	カリン	113
温度制御機能	47	カルヴァドス	67

カ

	Page		
開花	28	カルトワイン	82
外観	114	カルボン酸	113
海岸山脈	23	ガレージワイン	82
海洋性気候	23	ガロンヌ河	28
海流	23	灌漑	9
カーヴ	81	柑橘類	101
カヴィスト	81	環境保全型農業	10
河岸丘陵	23	還元	40
垣根仕立て	9	還元臭	102
陰干しワイン	66	完熟	10
花崗岩	23	関税	82
火砕岩	24	岩石	24
火山岩	24	甘草	102
火山砕屑物	24	カンテイロ	41
		寒流	23

キ

	Page
気圧	102
気候	25
既得アルコール	98
キノコ	102
揮発酸	102
貴腐	10
貴腐ワイン	67
逆浸透膜	41
客土	10
キャノピー	10
キャノピー・マネジメント	10
キャプシュール	92
キャラメル	103
キュヴェ	41
キュヴェゾン	41
凝灰岩	25
凝縮感	103
協同組合	82
黄ワイン	67
キンメリッジアン	25

ク

	Page
グイヨ	11
クヴァリテーツヴァイン	68
空気接触	92
クエン酸	103
腐った卵	114
グーツアップフュルング	82
グラッパ	76
クラシックスタイル	68
グランヴァン	83
グラン・クリュ	25
グラン・メゾン	96
クリアデラ	48
クリオ・エクストラクション	41
クリカージュ	57
クリスタルガラス	92
クリマ	26
グリーンハーヴェスト	6
クール・クライメイト・パラドクス	25
グルコース	111
クルティエ	83
グレープ・スピリッツ	64
黒スグリ	103
グローセス・ゲヴェックス	65
クローン	11
クローン選抜	11

ケ

	Page
茎頂培養	7, 11
系統	11
KMW	41
ケスタ	26
結果枝	11
結果母枝	6, 11, 13
頁岩	30
欠陥臭	101
結実不良	12
結実	28
ゲミシュター・ザッツ	12
原産地	26, 35
原産地名称保護制度	68
減農薬栽培	10, 69

コ

	Page
光合成	12
高山性気候	26
麹	42
向斜	27
交信撹乱剤	12
洪積土	26
公的検査番号	68
酵母	42
コーペラティヴ・ド・マニピュラン	83
コーキー・バーク	12
コールド・スタビライゼーション	42
狐臭	7,111
小樽	42
国家検査番号	68
コニャック	68
コリェイタ	73
コルク	42
コルドン（栽培）	13
コルドン（試飲）	103
コルヌアイユ	69
コンクリートタンク	43
混醸	43
混成酒	69

サ

	Page
サービスナプキン	93
サーベラージュ	93
砕屑物	26
栽培家	83
栽培条件	27
酢酸	104
酢酸菌	16
サステイナブル	10
サッカロミセス・セレヴィシエ	43
サッカロミセス・バヤヌス	43
サブマージド・キャップ・マセレーション	43
酸化	44
酸化臭	104
酸化防止剤	44
サングリア	75
サン・ザネ	65
酸敗	104
産膜酵母	44

シ

	Page
シェ	83
ジェネリックワイン	69
シェリー	69
シェリー香	104
色素成分	99
自己分解	44
仕込み水	44
自然沈降	57
自然派ワイン	69
仕立て	14
質感	104
シッパー	84
シッピング	84
シードル	69
ジビエ	105
シーファー	30
シベット	105,109
ジャイロパレット	45
弱発泡酒	70

瀉血	47
麝香	109
ジャスミン	105
シャトー	84
シャプタリザシオン	56
砂利	27
砂利質土壌	26
砂利小丘	27
シャルマ方式	45
シャンパンサーベル	93
シャンパンシャワー	93
シャンパンファイト	93
シャンブレ	93
収穫	13
収穫年	65
褶曲	27
収率	13
収量	13
収れん作用	105
樹冠	9,10
熟成	45
樹脂シート	33
樹上時間	27
酒税	84
樹勢	13
酒精強化ワイン	70
酒石	105
酒石酸	105
酒石酸水素カリウム	105
シュトゥック	39
シュトローヴァイン	52
シュペトレーゼ	70
ジュラ紀	28
ジュラ山脈	28
シュール・リー	45
樹齢	13
ジョイントベンチャー	84
常温減圧濃縮	45
醸造酒	70
焼酎	70
蒸留	46
蒸留酒	71
食後酒	93
植樹密度	14
食前酒	94
除梗	46
ショ糖	54,56,101,111
シルト	32
白ワイン	71
ジロンド河	28
ジン	71
シングル・グイヨ	11
新酒	71
深成岩	23,24
浸漬	40,51
新樽	46

ス

	Page
水成岩	28
スカンクの臭い	114
スキンコンタクト	46
スクリューキャップ	47
スクロース	101,111
スコット・ヘンリー	9,13
ズースレゼルヴェ	46
スターヴ	46

スティルワイン	71
ステンレスタンク	47
スパイス	106
スパークリングワイン	72
スフォルツァート	52, 66
スー・ボワ	106
スミレ	106
すりおろしたリンゴ	114

セ

	Page
生育期間	28
性撹乱剤	12
税関検査	84
整枝	14
清酒	72
成熟	28
生殖成長	14
清澄	47
清澄剤	47
成長点培養	7, 11
生物農薬	14
生命力学	17
世界三大貴腐ワイン	67
世界三大酒精強化ワイン	63, 69, 74, 76
セカンドワイン	72
セクシャル・コンフュージョン	12
石灰岩	28
石灰質粘土	31
セニエ	47
セラードア	85
選果	48
選果台	48
前駆体	106

潜在アルコール	98
剪定	14
選別	48
全房圧搾	48
全房発酵	48

ソ

	Page
草生栽培	15
総有機酸量	48
ソーダ石灰ガラス	94
ソーヌ地溝帯	34
ソシエテ・ド・レコルタン	85
ソムリエ	85
ソムリエナイフ	94
ソルビン酸カリウム	56
ソレラ	48, 74
ソレラ・システム	48

タ

	Page
台木	15
堆積岩	28
代替コルク	49
大陸性気候	29
大理石	34
多孔質	29
棚仕立て	15
ダブル・グイヨ	11
樽香	106
樽熟成	49
樽内MLF	49
樽発酵	49
段掛法(段仕込み)	55
炭酸ガス注入方式	49

単式蒸留器	50
短梢剪定	15
断層	29
タンニン	107
暖流	23
団粒化	33
団粒構造	29

チ

	Page
チェリー	107
地質	29
地勢	30
地中海性気候	30
着色	28
沖積土	30
昼夜較差	30
長梢剪定	15
調和	107
チョーク質	33
直接圧搾法	50
直販	85
沈降	35

ツ

	Page
通関	85
接ぎ木	16
接ぎ穂	16

テ

	Page
T/T	86
泥灰岩	30
泥灰土	31
ディスク	107
テイスティンググラス	94
ティラージュ	50
デカンタ	95
テキーラ	72
滴定酸度	48
デゴルジュマン	50
デザートワイン	62
デーセラー	94
デブルバージュ	50
テラロッサ	31
デレスタージュ	51
テロワール	31
点滴式	9
天敵農業	14
天然甘口ワイン	64
展葉	28

ト

	Page
ドイツ高級ワイン生産者連盟	72
糖化	51
透水性	27
同毒療法	17
トゥニー・ポルト	73
トースト	107
ドザージュ	51
土壌	31
土壌微生物	31
ドメーヌ	86
共洗い	96
ドライコンテナ	86
ドライフルーツ	108
トラットリア	96
トランスファー方式	51

ドリップ式	9
ドルドーニュ河	28
トロッケンベーレンアウスレーゼ	73
トロピカルフルーツ	108
ドロマイト	32

ナ

	Page
ナチュラル・カーボネーション	49
ナッツ	108
ナピュコドノゾール	95
なめし皮	108
楢(ナラ)	39

ニ

	Page
荷送人	84
にごり酒	57
二酸化硫黄	44
二酸化炭素	51
日較差	30
乳酸	108
乳酸菌	16, 108

ヌ

	Page
ヌーヴォー	86

ネ

	Page
ネゴシアン	86
ネゴシアン・ヴィニフィカトゥール	87
ネゴシアン・エルヴール	87
ネゴシアン・マニピュラン	87
ネコのオシッコ	109
ネック・フリージング	50
粘液酸カルシウム	109

年間降雨量	32
年間平均気温	27
粘性	109
粘土	32
粘土鉱物	32
粘土質石灰	31
粘板岩	30

ノ

	Page
濃縮果汁	56
納品書	87
ノン・ヴィンテージ	65
ノン・フィルトレ	57
ノン・ミレジメ	65

ハ

	Page
灰色カビ病	16
背斜	27
排水性	32
排水設備	33
パイナップル	100
ハイパー・オキシデーション	52
白亜紀	33
麦芽	52
バクテリア	16
破砕	52
バジョシアン	33
パスリヤージュ	52
ハチミツ	109
発芽	28
発酵	52
発酵後浸漬	53
発酵槽	53

発酵前低温浸漬	53
バトナージュ	53
バトニアン	33
バナナ	100, 108
花ぶるい	16
パニエ	95
葉巻病	7
早摘み	16
バラ (栽培)	17
バラ (試飲)	109
バリック	42
バルクワイン	87
パールヴァイン	70
ハンギングタイム	25, 27

ヒ

	Page
ピアス病	17
B/L	88
火打石	110
ピエス	42
ピエ・ド・フランコ	16
ビオ臭	110
ビオディナミ	17
ビオロジック	69
ピグメンテッド・タンニン	110
ビジャージュ	53
ビストロ	96
微発泡ワイン	73
ビール	73
瓶	54
品種	17
瓶熟成	110
瓶内二次発酵	54

フ

	Page
ファンリーフ病	17
V.D.P.	72
フィーヌ	73
フィネス	110
フィノ	74
フィロキセラ・ヴァスタトリクス	18
フェノール化合物	25, 27, 100, 111, 112
フェノール類	110
フェノレ	111
フォクシー・フレーバー	111
フォーティファイドワイン	70
ブーケ	111
腐植	33
腐植質土壌	33
ブショネ	111
フーダー	39
二日酔い	98
ブティックワイナリー	88
ブテイユ	54
ブドウ	18
ブドウ園	88
ブドウ属	6, 7
ブドウ糖	111
船荷証券	88
腐敗	52
腐葉土	33
ブラッシュワイン	50
ブラッスリー	96
フラッペ	93
ブランデー	74
ブラン・ド・ノワール	74

ブラン・ド・ブラン	74
フリザンテ	70
ブリックス	54
プリムール	88
フリーランジュース	54
フリーランワイン	54
フルクトース	101
古樽	54
フルーツブランデー	74
フルート瓶	54
プルーフタグ	88
ブルーベリー	112
フレ	93
フレーヴァードワイン	75
プレスジュース	55
ブレタノミセス	112
フレック	18
ブレット	112
プレディカーツヴァイン	75
フレンチ・パラドクス	95
フレンチオーク	55
ブレンド	38, 41, 58, 87
プロプライアタリーワイン	75
フロレゾン	18
噴出岩	24

ヘ

	Page
並行複発酵	55
pH	55
ヘッドスペース	112
ペティヤン	70
ベト病	18
ベーレンアウスレーゼ	75

変成岩	34
偏西風	34
ベンレート	19

ホ

	Page
棒仕立て	19
崩積土壌	34
母岩	34
北米系統	11
穂木	16, 19
補酸	56
保存料	56
補糖	56
ボトリティス・シネレア菌	9, 10, 16, 67
ポリフェノール	112
ボルドー液	19
ホール・クラスター・ファーメンテーション	48
ホール・バンチ・ファーメンテーション	48
ホール・バンチ・プレス	48
ホール・ベリー・ファーメンテーション	55
ホワイト・ポルト	75
ポワレ	69
ポンピングオーバー	59

マ

	Page
マグナム	54
マサル・セレクション	19
マセラシオン	40
マセラシオン・ア・ショー	56
マセラシオン・カルボニック	56
マッシフ・サントラル	34
マデイラ	76
マデイラ臭	112

マール	76
マルク・ダシュトゥール	89
マルコット	19
マルティノッティ方式	45
マルメロ	113
マロラクティック発酵	57
マンサニーリャ	76

ミ

	Page
ミクロオキシジェナシオン	57
ミクロクリマ	34
ミクロビラージュ	57
未熟	20
密閉タンク方式	45
ミネラルウォーター	76
ミネラル	113
ミュズレ	95
ミュタージュ	57
ミレジム	65

ム

	Page
無機化合物	113
ムスク	109
無清澄	57
無添加ワイン	76
無濾過	57

メ

	Page
メゾン	89
メトード・アンセストラル	58
メトード・リュラル	58
メトキシピラジン	98,103
メートル・ド・シェ	83
メリテージワイン	75
メーリングリスト	89

モ

	Page
モダンスタイル	77
モモ(アンズ・モモ)	99
もろみ	58

ヤ・ユ・ヨ

	Page
夜間収穫	20
有機栽培	20
有機酸	113
輸出業者	84
余韻	113
陽イオン交換量	35
洋ナシ	113
ヨーロッパ・中東系統	11

ラ

	Page
ライル	9
ライン河	35
落葉	28
ラズベリー	114
ラベル	92
ラム	77
ランシオ	77
卵白	47

リ

	Page
リキュール	77
リキュール・デクスペディション	51
リキュール・ド・ティラージュ	50
リザーヴワイン	58

リージョン・システム	35
リーズ・コンタクト	45
リパッソ	58
リーファーコンテナ	89
リュー・ディ	35
硫化水素	114
隆起	35
リュット・レゾネ	10
リレ	75
リンゴ	114
リンゴ酸	114
リンス	96

ル

	Page
ルビー・ポルト	77
ルミュアージュ	58
ルモンタージュ	59

レ

	Page
レイト・ボトルド・ヴィンテージ・ポルト	65
霊猫香	105, 109
レインカット	20
レコルタン・コーペラトゥール	89
レコルタン・マニピュラン	90
レストラン	96
レチョート	52, 58, 66
レッチーナ	75
連続式蒸留器	59

ロ

	Page
濾過	59
ロゼワイン	78
ロータリータンク	59
ロートリング	43
ローヌ河	36
ローブ	114
ロブラール水和剤	6
ローム	36
ロワール河	36

ワ

	Page
ワイナリー	90
ワイン	78
ワインオープナー	96
ワインクーラー	96
ワインコンサルタント	90
ワインのダイヤ	105
藁ワイン	66

斉藤研一

ワイン上手になりたい方のための新しいスタイルのワインスクール「サロン・ド・ヴィノフィル」主宰。編著書に『改訂新版 ワインの基礎力80のステップ』『改訂新版 ワインの過去問400』『世界のワイン生産者ハンドブック』(以上、小社刊)、『世界のワインガイド』『シャンパーニュから始まるスパークリングワインの世界』(以上、小学館)、『ワインラバーズBOOK』(グラフ社)ほか。

Kenichi Saito

Winart Subject Series
ワインの用語 500
～すぐに使えるコンパクト解説～

発行日／2012年7月31日　第1刷

著者／斉藤研一
編集／杉本多恵＋滝澤麻衣(美術出版社)
編集協力／新井久美子、井口尚美、井ノ上志津子、香野芳和、後藤珠妃、寺田真孝、穂刈収子
校正／井野川麻子
表紙、本文デザイン／西村淳一(FUNCTION)
DTP・印刷・製本／富士美術印刷株式会社

発行人／大下健太郎
発行／株式会社美術出版社
〒101-8417　東京都千代田区神田神保町3-2-3
神保町プレイス9階
電話／03-3234-2153(営業)、
03-3234-2156(編集)
振替／00130-3-447800
http://www.bijutsu.co.jp/bss/

乱丁・落丁の本がございましたら、小社宛にお送りください。送料負担でお取り替えいたします。

本書の全部または一部を無断で複写(コピー)することは、著作権法上での例外を除き、禁じられています。

ISBN 978-4-568-50503-0 C0070 ©Kenichi Saito 2012 Printed in Japan

Glossary of 500 Wine Terms
~Handy Edition for All Professionals and Wine Lovers~